应用型人才培养实用教材

高等学校电子信息学科基础规划教材

本教材承湖北文理学院特色教材专项经费资助

高频电子线路

主 编◎李 刚 胡 旭

U0206272

西南交通大学出版社

·成 都·

图书在版编目（CIP）数据

高频电子线路 / 李刚，胡旭主编. —成都：西南交通大学出版社，2019.10

应用型人才培养实用教材　高等学校电子信息学科基础规划教材

ISBN 978-7-5643-7161-6

Ⅰ. ①高… Ⅱ. ①李… ②胡… Ⅲ. ①高频－电子电路－高等学校－教材 Ⅳ. ①TN710.6

中国版本图书馆 CIP 数据核字（2019）第 216854 号

应用型人才培养实用教材
高等学校电子信息学科基础规划教材

Gaopin Dianzi Xianlu

高频电子线路

主编　李　刚　胡　旭

责任编辑	梁志敏
封面设计	何东琳设计工作室
出版发行	西南交通大学出版社
	（四川省成都市二环路北一段 111 号
	西南交通大学创新大厦 21 楼）
邮政编码	610031
发行部电话	028-87600564
官网	http://www.xnjdcbs.com
印刷	四川森林印务有限责任公司
成品尺寸	185 mm × 260 mm
印张	8.75
字数	208 千
版次	2019 年 10 月第 1 版
印次	2019 年 10 月第 1 次
定价	32.00 元
书号	ISBN 978-7-5643-7161-6

QIANYAN ‖ 前 言

　　本书是湖北文理学院特色教材项目资助教材。书中介绍了通信系统中电路的基本原理、分析方法和典型应用。主要以模拟通信的电子电路为主,按照线性电路、非线性电路,以及频率变换电路来组织教材内容。

　　教材在介绍高频电子线路分析的基本知识、串并联谐振回路及非线性电路分析方法的基础上,分别介绍了高频小信号谐振放大器、谐振功率放大器、正弦波振荡器及各种频率变换电路。频率变换电路分为线性频率变换电路,具体为频谱的线性搬移、振幅调制与解调;非线性频率变换电路,具体为角度的调制与解调。在最后的反馈控制电路中,分别简要介绍了 AGC、AFC 和锁相环原理。

　　教材在传统高频电子线路知识结构的基础上,对内容进行了筛选,强化了基本原理和基本概念。在耦合谐振回路章节,引入了阻抗变换器概念,简化了理论推导。为使学生更好地掌握相关知识,教材中对每章难于理解的地方进行了详细推导分析。

　　本教材适合普通大学本科通信工程类电子信息专业学生学习使用,李刚负责编写了书中的 3、4、5、6、7、8 章,胡旭负责编写了 1、2 章。

　　由于时间仓促及作者水平有限,书中难免有不妥甚至错误之处,恳请广大读者批评指正。

编 者

2019 年 5 月

MULU ‖ 目 录

绪　论

本书主要研究无线通信系统中涉及高频电子的基本电路、工作原理和分析方法。通过对典型电路的分析，加深对相关设备及系统的概念，并为其他通信系统的学习打下基础。无线通信的类型很多，可以根据传输方法、频率范围、用途等不同维度来分类。不同的无线通信系统，其设备组成和复杂度虽然有较大差异，但它们的基本组成不变，图 0-1-1 是模拟语音无线通信系统的基本组成框图。

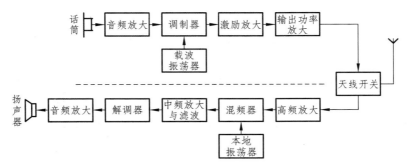

图 0-1-1　模拟语音无线通信系统的基本组成

图 0-1-1 中，话筒和扬声器属于通信的终端设备，分别为信源和信宿。上下两个音频放大器分别是为放大话筒输出信号和推动扬声器工作而设置的，是低频部件，发送端的音频放大器输出的信号控制高频载波振荡器的某个参数，从而实现调制。下面的解调器针对上面发射端的调制进行检波。已调制信号的频率若不够高，可根据需要进行倍频或上变频；若幅度不够，可根据需要进行若干级放大，经天线辐射出去。接收机一般都采用超外差的形式，在通过高频选频放大后进行下变频，取出中频后再进行中频放大和其他处理，然后进行解调。超外差接收机的主要特点是对接收信号的选择放大作用主要由频率固定的中频放大器来完成，当信号频率改变时，只要相应地改变本地振荡信号频率即可。图中虚线以上部分为发送设备，虚线以下部分为接收设备，天线及天线开关为收发共用设备。

在高频电子系统中涉及的电子线路几乎都是由线性的元件和非线性的器件组成的。严格来讲，所有包含非线性器件的电子线路都是非线性电路，只是在不同的使用条件下，非线性器件所表现的非线性程度不同而已。例如，对于高频小信号放大器，由于输入的信号足够小，而又要求不失真放大，其中的非线性器件可以用线性等效电路表示，分析方法也可以用线性电路的分析方法。本课程的核心内容和绝大部分电路都属于非线性电路，非线性电路在无线通信中主要用来完成频谱变换功能，如混频、倍频、调制与解调等。与线性器件不同，器件的非线性会产生变频压缩、交调、互调等非线性失真，它们将影响收发信机的性能。在分析非线性器件对输入信号的响应时，不能采用线性电路中行之有效的叠加原理，而必须求解非线性方程。对非线性电路进行严格的数学分析不仅非常困难，而且没有十分的必要。在实际应用中，一般采用计算机辅助设计的方法进行辅助分析。在工程上也往往根据实际情况对器件的数学模型和电路的工作条件进行合理的近似，以便用简单的分析方法获得具有实际意义的结果，而不必过分追求其严格性。

高频电子线路涉及的典型电路很多，甚至同一个电路在输入信号的位置或者工作条件发生变化的情况下，实现的功能也会发生变化。因此，在学习本课程时，要抓住典型电路的工作状态和条件，洞悉各种功能之间的内在联系，而不要局限于掌握一个个具体的电路及其工作原理。

本课程所讲的电路都是无线通信系统发送设备和接收设备中的典型单元电路。虽然在讲解原理时经过了一定的简化，但电路的原理是相同的。在学习原理的基础上，要加强实际电路图的理解，通过理论电路与实际电路的对比分析，真正掌握电路的原理和实际应用中的注意事项。另外还要注意对比低频电路与高频电路的异同，通过知识的对比理解，注重分析方法的适用条件。此外，在学习本课程时必须要高度重视实验环节，坚持理论联系实际，在实践中积累丰富的经验。随着计算机仿真技术的发展，已经有一些优秀的电路仿真软件出现。可以将书本中的典型电路在电路仿真软件中进行仿真分析，通过对比仿真结果和理论分析结果加深对典型电路的理解。因此，掌握先进的高频电路仿真技术，也是学习高频电子线路的一个重要内容。

第1章　选频回路与阻抗变换

选频与阻抗变换是组成射频系统需要考虑的两个很重要的功能，它们应用于放大、振荡、调制与解调等单元电路中，在射频系统中常采用无源网络来实现这些功能。

本章首先介绍理想的串联和并联谐振电路特性，接着介绍串联和并联等效转换关系、耦合谐振电路特性，最后介绍传输线变压器的特性。

1.1　串联谐振电路

1.1.1　原理电路

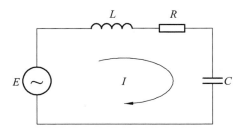

图 1-1-1　串联谐振电路原理图

串联谐振电路的原理图如图 1-1-1 所示，它由电感 L、电容 C、损耗电阻 R 及外加电动势 E 串联组成。图中电路参数的物理意义分别为

$X_L = \omega L$，称为回路感抗；

$X_C = -\dfrac{1}{\omega C}$，称为回路容抗；

$X = X_L + X_C = \omega L - \dfrac{1}{\omega C}$，称为回路电抗；

R 称为回路损耗电阻，表示电感与电容总的损耗电阻；

$Z = \sqrt{R^2 + X^2} = \sqrt{R^2 + \left(\omega L - \dfrac{1}{\omega C}\right)^2}$，称为回路阻抗模值；

$\varphi = \arctan\left(\dfrac{X}{R}\right) = \arctan\left(\dfrac{\omega L - \dfrac{1}{\omega C}}{R}\right)$，称为回路阻抗相角。

1.1.2 串联谐振电路的特点

串联谐振电路的阻抗是关于频率的函数，当电路的固有谐振频率与外加电动势频率相等时，回路的阻抗呈现电阻性质，因为此时回路的电抗与容抗相互抵消。回路的这种特殊状态称为串联谐振，也称为电压谐振。

1. 谐振条件

$$X = 0 \text{ 即 } \omega L - \frac{1}{\omega C} = 0 \tag{1-1-1}$$

2. 谐振角频率

$$\omega = \omega_0 = \frac{1}{\sqrt{LC}} \tag{1-1-2}$$

讨论：

（1）当 $\omega < \omega_0$ 时，则 $\omega L < \frac{1}{\omega C}$，$\varphi < 0$，回路呈容性失谐。

（2）当 $\omega = \omega_0$ 时，则 $\omega L = \frac{1}{\omega C}$，$\varphi = 0$，回路呈纯阻性，发生串联谐振。

（3）当 $\omega > \omega_0$ 时，则 $\omega L > \frac{1}{\omega C}$，$\varphi > 0$，回路呈感性失谐。

当回路发生串联谐振时，回路阻抗最小，即 $Z = \sqrt{R^2 + X^2} = R$；回路的电流最大，即 $I_0 = \frac{E}{Z} = \frac{E}{R}$，称为串联谐振电流。

3. 回路的电抗斜率和特征阻抗

为了建立分布参数谐振腔模型与集总参数串联谐振电路在谐振频率时的等效关系，引入谐振频率处的电抗斜率参数：

$$\chi = \frac{\omega_0}{2} \frac{\mathrm{d}X}{\mathrm{d}\omega}\bigg|_{\omega = \omega_0} = \omega_0 L = \frac{1}{\omega_0 C} = \sqrt{\frac{L}{C}} = Z_0 \tag{1-1-3}$$

由于 $\sqrt{\frac{L}{C}}$ 具有阻抗的量纲，故称其为特征阻抗，记为 Z_0。从上述公式可知，谐振频率处的电抗斜率数值上等于特征阻抗，即等于电抗和容抗。

4. 回路的品质因数

回路的品质因数又称为 Q 值，其定义式如下。

$$Q = \frac{回路储存能量}{回路损耗能量}$$

在回路中，储能元件为电感和电容。电感储存磁场能，电容储存电场能，而且回路在任何一个时刻储存的总能量均相等。具体计算式如下。

$$Q = \frac{I_0^2 \omega_0 L t}{I_0^2 R t} = \frac{\omega_0 L}{R} = \frac{1}{\omega_0 C R} = \frac{Z_0}{R} = \frac{\chi}{R} \qquad （1\text{-}1\text{-}4）$$

分析上式知道，Q 值就等于电抗或者容抗比上电阻的倍数。从概念上理解，Q 值与损耗和带宽联系紧密，Q 值越大表明损耗越小、带宽越窄。

Q 值可以分为无载 Q 值和有载 Q 值。在图 1-1-1 所示电路中，没有考虑源阻抗 R_S 和负载电阻 R_L 的影响，即 $R_S = 0$，$R_L = 0$。此时回路 Q 值称为无载 Q 值，并用 Q_0 表示。

$$Q_0 = \frac{\omega_0 L}{R} = \frac{1}{\omega_0 C R}$$

当考虑 R_S 和 R_L 影响时，回路有载 Q 值由下式表示：

$$Q_L = \frac{\omega_0 L}{R_\Sigma} = \frac{\omega_0 L}{R + R_S + R_L} = \frac{1}{(R + R_S + R_L)\omega_0 C}$$

对比无载 Q_0 值和有载 Q_L 值，由于源和负载电阻的加载作用，使得回路总的 Q 值减小。

5. 串联谐振时，各元件两端电压

根据串联电路分压原理，串联电路中元件两端的电压幅度值与阻抗大小成正比。串联谐振回路谐振时，感抗和容抗相等，且都等于电阻的 Q 倍，故电感和电容两端电压大小相等，都等于电阻两端电压 Q 倍。电阻两端电压和流过电阻的电流同向，由于电感电流无法突变，其两端电压超前电流 90°。电容两端电压无法突变，其两端电压滞后流过的电流 90°。三者的电压电流矢量关系如图 1-1-2 所示。

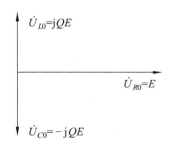

图 1-1-2 元件电压和电流的矢量关系图

1.1.3 串联谐振电路的电流特性曲线

串联谐振电路谐振时，阻抗最小，电流最大，$I_0 = E/R$。非谐振状态时，串联谐振电路的归一化电流幅度为

5

$$H(\omega) = \left| \frac{I}{I_0} \right| = \frac{E}{\sqrt{R^2 + X^2}} \bigg/ (E/R) = \frac{1}{\sqrt{1 + \left(\left(\omega L - \dfrac{1}{\omega C} \right) \bigg/ R \right)^2}} \qquad (1.1.5)$$

式中，$\dfrac{\omega L - \dfrac{1}{\omega C}}{R} = \dfrac{\omega_0 \left(\omega L - \dfrac{1}{\omega C} \right)}{\omega_0 R} = \dfrac{\omega_0 L}{R} \left(\dfrac{\omega}{\omega_0} - \dfrac{\omega_0}{\omega} \right) = Q \left(\dfrac{\omega}{\omega_0} - \dfrac{\omega_0}{\omega} \right) = \xi$，称为回路的广义失谐。从概念上看，广义失谐表征了一般工作状态偏离谐振状态的程度，是一种变换后的频率域。由于串联谐振电路工作频率处于谐振频率附近，即 $\omega_0 \approx \omega$，广义失谐可以化简为

$$\xi = Q \left(\frac{\omega}{\omega_0} - \frac{\omega_0}{\omega} \right) = Q \frac{(\omega - \omega_0)(\omega + \omega_0)}{\omega_0 \omega} \approx 2Q \frac{\Delta\omega}{\omega_0} \qquad (1\text{-}1\text{-}6)$$

式中，$\Delta\omega = \omega - \omega_0$。故回路电流可以用广义失谐表示如下。

$$\frac{I}{I_0} = \frac{1}{1 + \mathrm{j}\xi} \qquad (1\text{-}1\text{-}7)$$

式中，I 为当前回路电流，I_0 为回路谐振时最大电流。上述函数为一复数函数，可以从幅度和相位两个维度分析其随频率变化的规律。

串联谐振回路归一化电流幅度特性曲线如图 1-1-3 所示。

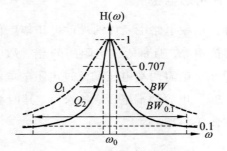

图 1-1-3　幅度特性曲线

当 $\omega = \omega_0$ 时，即 $\xi = 0$ 时，回路谐振，$I = I_0$；当 $\omega \neq \omega_0$ 时，即 $\xi \neq 0$ 时，回路失谐，$I < I_0$。串联谐振电路的通频带是指回路谐振曲线由 1 下降到 $1/\sqrt{2}$ 处所对应的频率范围，并用 $2\Delta f_{0.7}$ 来表示。根据通频带定义，令

$$H(\omega) = \left| \frac{I}{I_0} \right| = \frac{1}{\sqrt{1 + \xi^2}} = \frac{1}{\sqrt{2}}$$

解得 $\xi = \pm 1$

$$\begin{cases} \xi_1 = 2Q \dfrac{f_2 - f_0}{f_0} = 1 \\[2mm] \xi_2 = 2Q \dfrac{f_1 - f_0}{f_0} = -1 \end{cases}$$

6

两式相减得

$$|\xi| = Q\frac{f_2 - f_1}{f_0} = Q\frac{2\Delta f_{0.7}}{f_0}$$

由此得到串联谐振电路的通频带 $2\Delta f_{0.7} = |\xi|\dfrac{f_0}{Q} = \dfrac{f_0}{Q}$，引入相对带宽 $FBW = 2\Delta f_{0.7}/f_0$，则 Q 值与相对带宽有简单的关系式 $FBW \cdot Q = 1$。该关系式表明：当频率一定时，回路通频带只与回路 Q 值有关。Q 值越高，通频带越窄；Q 值越低，通频带越宽，即 $Q_2 > Q_1$。

串联谐振电路的选择性是指回路从含有各种频率的信号中选出有用信号，排除干扰及无用信号的一种能力。选择性好坏通常采用矩形系数 $K_{0.1}$ 来衡量。矩形系数越小，回路选择性越好。

矩形系数定义：

$$K_{0.1} = \frac{2\Delta f_{0.1}}{2\Delta f_{0.7}}$$

式中，$2\Delta f_{0.1}$ 表示回路谐振曲线由 1 下降到 0.1 处所对应的通频带。对理想谐振曲线而言，由于 $2\Delta f_{0.7} = 2\Delta f_{0.1}$，故理想谐振曲线的矩形系数为 $K_{0.1} = 1$。对实际谐振曲线而言，令

$$H(\omega) = \frac{1}{\sqrt{1 + \xi^2}} = \frac{1}{10}$$

解得 $\qquad\qquad \xi = \pm\sqrt{10^2 - 1}$

故 $\qquad\qquad 2\Delta f_{0.1} = |\xi|\dfrac{f_0}{Q} = \sqrt{10^2 - 1}\,\dfrac{f_0}{Q}$

由此得实际谐振曲线矩形系数为

$$K_{0.1} = \frac{2\Delta f_{0.1}}{2\Delta f_{0.7}} = \frac{\sqrt{10^2 - 1}\,f_0/Q}{f_0/Q} = \sqrt{10^2 - 1} \approx 9.95$$

故单谐振电路（包括串联、并联谐振电路）的矩形系数远大于 1，所以，选择性差是单谐振电路的主要缺点。

串联谐振回路归一化电流相位特性曲线如图 1-1-4 所示。

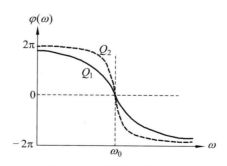

图 1-1-4　相位特性曲线

7

$$\varphi(\omega) = -\arctan(\xi) \approx -2Q(\omega - \omega_0)/\omega_0 \tag{1-1-8}$$

当串联谐振回路工作频率在谐振频率附近时，电路的相位满足式（1-1-8）关系。从式中可以看出，谐振频率处的相位特性曲线斜率 $\mathrm{d}\varphi(\omega)/\mathrm{d}\omega = -2Q/\omega_0$，是一负值。$Q$ 值越大，曲线越陡峭，即 $Q_2 > Q_1$。

1.2　理想并联谐振电路

1.2.1　并联谐振电路的原理图

理想并联谐振电路的原理图如图 1-2-1 所示，它由电感 L、电容 C、损耗电导 G 及外加电流源 I_s 并联组成。图中电路参数的物理意义分别为

$B_L = -\dfrac{1}{\omega L}$ ，称为回路感纳；

$B_C = \omega C$ 称为回路容纳；

$B = \omega C - \dfrac{1}{\omega L}$ ，称为回路电纳；

G 称为回路损耗电导，表示为电感和电容的总损耗；

$Y = \sqrt{G^2 + B^2} = \sqrt{G^2 + \left(\omega C - \dfrac{1}{\omega L}\right)^2}$ ，称为回路导纳模值；

$\varphi = \arctan\left(\dfrac{B}{G}\right) = \arctan\left(\dfrac{\omega C - \dfrac{1}{\omega L}}{G}\right)$ ，称为回路导纳相角。

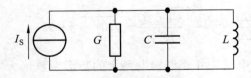

图 1-2-1　理想并联谐振电路原理图

1.2.2　并联谐振电路的特点

理想并联谐振电路的导纳是关于频率的函数，当电路的固有谐振频率与外加电动势频率相等时，回路的阻抗呈现电导性质，因为此时回路的电抗与容抗相互抵消。回路的这种特殊状态称为并联谐振，也称为电流谐振。

1. 谐振条件

$$B = 0 \text{ ，即 } \omega C - \frac{1}{\omega L} = 0 \tag{1-2-1}$$

2. 谐振角频率

$$\omega = \omega_0 = \frac{1}{\sqrt{LC}} \tag{1-2-2}$$

讨论：

（1）当 $\omega < \omega_0$ 时，$\omega C < \frac{1}{\omega L}$，$\varphi < 0$，回路呈感性失谐。

（2）当 $\omega = \omega_0$ 时，$\omega C = \frac{1}{\omega L}$，$\varphi = 0$，回路呈纯阻性，发生并联谐振。

（3）当 $\omega > \omega_0$ 时，$\omega C > \frac{1}{\omega L}$，$\varphi > 0$，回路呈容性失谐。

当回路发生并联谐振时，回路导纳最小，即 $Y = \sqrt{G^2 + B^2} = G$；回路的电压最大，即 $U_0 = \frac{I_S}{Y} = \frac{I_S}{G}$，$I_S$ 称为并联谐振电流。

3. 回路的电纳斜率和特征导纳

为了建立分布参数并联谐振腔模型与集总参数并联谐振电路的等效关系，引入谐振频率处的电纳斜率参数：

$$\zeta = \frac{\omega_0}{2} \frac{dB}{d\omega}\bigg|_{\omega=\omega_0} = \omega_0 C = \frac{1}{\omega_0 L} = \sqrt{\frac{C}{L}} = Y_0 \tag{1-2-3}$$

由于 $\sqrt{\frac{C}{L}}$ 具有导纳的量纲，故称其为特征导纳，记为 Y_0。从上述公式可知，谐振频率处的电纳斜率数值上等于特征导纳，即等于感纳和容纳。

4. 回路的品质因数

回路的品质因数又称为 Q 值，其定义式如下。

$$Q = \frac{回路储存能量}{回路损耗能量}$$

在回路中，储能元件为电感和电容。电感储存磁场能，电容储存电场能，而且回路在任何一个时刻储存的总能量均相等。具体计算式如下。

$$Q = \frac{U_0^2 \omega_0 Ct}{U_0^2 Gt} = \frac{\omega_0 C}{G} = \frac{1}{\omega_0 L G} = \frac{Y_0}{G} = \frac{\zeta}{G} \tag{1-2-4}$$

分析上式知道，Q 值就等于感纳或者容纳比上电导的倍数。

Q 值可以分为无载 Q 值和有载 Q 值。在图 1-2-1 所示电路中，没有考虑源阻抗 G_S 和负载电阻 G_L 的影响，即 $G_S = 0$，$G_L = 0$。此时回路 Q 值称为无载 Q 值，并用 Q_0 表示。

$$Q_0 = \frac{\omega_0 C}{G} = \frac{1}{\omega_0 L G}$$

当考虑 G_S 和 G_L 影响时，回路有载 Q 值由下式表示。

$$Q_L = \frac{\omega_0 C}{G_\Sigma} = \frac{\omega_0 C}{G + G_S + G_L} = \frac{1}{(G + G_S + G_L)\omega_0 L}$$

对比无载 Q_0 值和有载 Q_L 值，由于源和负载电导的加载作用，使得回路总的 Q 值减小。

5. 回路谐振时，各元件流过电流

根据并联电路分流原理，并联电路中流过各支路的电流幅度值与导纳大小成正比。并联谐振回路谐振时，感纳和容纳相等，且都等于电导的 Q 倍，故流过电感和电容的电流大小相等，都等于流过电阻电流的 Q 倍。电阻两端电压和流过电阻的电流同向，电感电流无法突变，其两端电压超前电流 90°。电容两端电压无法突变，其两端电压滞后流过的电流 90°。三者的电压电流矢量关系如图 1-2-2 所示。

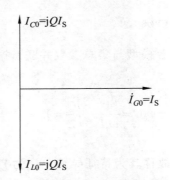

图 1-2-2　元件电压和电流的矢量关系图

1.2.3　理想并联谐振电路的电压特性曲线

理想并联谐振电路谐振时，导纳最小，电压最大 $U_0 = I_S / G$。非谐振状态时，理想并联谐振电路的归一化电压幅度为

$$H(\omega) = \left| \frac{U}{U_0} \right| = \frac{1}{\sqrt{1 + \left(\left(\omega C - \frac{1}{\omega L} \right) \Big/ G \right)^2}} \tag{1-2-5}$$

式中，$\dfrac{\omega C - \dfrac{1}{\omega L}}{G} = \dfrac{\omega_0 C}{G} \left(\dfrac{\omega}{\omega_0} - \dfrac{\omega_0}{\omega} \right) = Q \left(\dfrac{\omega}{\omega_0} - \dfrac{\omega_0}{\omega} \right) = \xi$，称为回路的广义失谐。从概念上看，广义失谐表征了一般工作状态偏离谐振状态的程度，是一种变换后的频率域。由于理想并联谐振电路工作频率处于谐振频率附近，即 $\omega_0 \approx \omega$，广义失谐可以化简为

$$\xi = Q \left(\frac{\omega}{\omega_0} - \frac{\omega_0}{\omega} \right) = Q \frac{(\omega - \omega_0)(\omega + \omega_0)}{\omega_0 \omega} \approx 2Q \frac{\Delta \omega}{\omega_0} \tag{1-2-6}$$

式中， $\Delta\omega = \omega - \omega_0$ 。故回路电压可以用广义失谐表示如下。

$$\frac{U}{U_0} = \frac{1}{1 + j\xi}$$　　　　　　（1-2-7）

式中， U 为当前回路两端电压， U_0 为回路谐振时最大电压。上述函数与串联谐振电路电流函数一致，故具有相同的幅度特性曲线和相位特性曲线。通频带和矩形系数也与串联谐振回路一致。

1.3　串、并联阻抗等效互换与回路抽头时阻抗变换

上述的 LC 串、并联谐振回路，在高频率低阻负载工作时，往往难以达到良好的阻抗匹配与选频作用，因此还必须采用这类电路的变形电路，其设计基础是串、并联阻抗的等效互换与回路抽头的阻抗变换。

1.3.1　串、并联阻抗的等效互换

有时，为了分析电路的方便，需要把图 1-3-1 所示的串联电路与并联电路进行相互等效转换。所谓"等效"就是串联电路和并联电路从 AB 两端看进去的阻抗（或导纳）相等，因此

$$\frac{1}{R_{\mathrm{S}} + jX_{\mathrm{S}}} = \frac{1}{R_{\mathrm{P}}} + \frac{1}{jX_{\mathrm{P}}}$$　　　　　　（1-3-1）

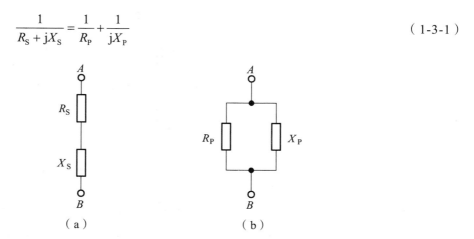

图 1-3-1　串并联阻抗的等效互换

式（1-3-1）如果恒成立，则对应的虚部和实部都对应相等，可得如下等效公式。

$$\begin{cases} R_{\mathrm{P}} = (1 + Q^2)R_{\mathrm{S}} \\ X_{\mathrm{P}} = (1 + 1/Q^2)X_{\mathrm{S}} \\ Q = X_{\mathrm{S}}/R_{\mathrm{S}} = R_{\mathrm{P}}/X_{\mathrm{P}} \end{cases}$$　　　　　　（1-3-2）

上式表明：

（1）串联电路转换成并联电路后，电阻和电抗的值均变大了。

（2）串并联等效变换，不改变电抗元件的性质，在 $Q \gg 1$ 条件下，$X_S = X_P$。

（3）串联电路和并联电路的 Q 值相等。

1.3.2 回路抽头时阻抗的变换关系

通常信号源内阻 R_S 与负载电阻 R_L 不相等，即不匹配。这样就不能在负载电阻 R_L 上获得最大功率输出。为了解决这个问题，可以采用阻抗变换方法，使得信号源内阻和负载电阻不直接并联在回路两端，而是经过了一些简单的变换电路，把他们折合到回路两端。这样不仅减小了对回路的影响，同时可以达到阻抗匹配。

下面介绍几种常用的阻抗变换电路。

1. 接入系数与电压变换关系（见图 1-3-2）

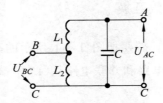

图 1-3-2　电压源变换

引入接入系数 $p = U_{BC}/U_{AC}$，根据串联分压关系，知道接入系数 $p < 1$，且有

$$p = L_2/(L_1 + L_2) \tag{1-3-3}$$

2. 接入系数与电流变换关系（见图 1-3-3）

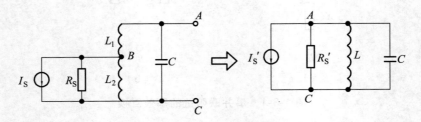

图 1-3-3　电流源变换

根据变换前后，电流源输出功率相等原则，有

$$I'_S = I_S \cdot p = I_S \cdot (L_2/(L_1 + L_2)) \tag{1-3-4}$$

3. 变压器耦合并联回路（见图 1-3-4）

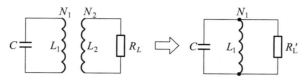

图 1-3-4　变压器阻抗变换

负载电路 R_L 由次级回路折合到初级回路时，其等效电阻 R_L' 为

$$\begin{cases} R_L' = R_L / p^2 \\ p = N_2 / N_1 \quad (N_2 < N_1) \end{cases} \tag{1-3-5}$$

式中，N_2 为次级回路圈数，N_1 为初级回路圈数。

4. 双电容耦合并联回路（见图 1-3-5）

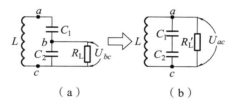

（a）　　　　　　（b）

图 1-3-5　双电容耦合变换

根据变换前后，电阻消耗功率相等的原理，得到 $U_{ac}^2 / R_L' = U_{bc}^2 / R_L$，结合接入系数定义：

$$p = U_{bc} / U_{ac} = c_1 / (c_1 + c_2)$$

变换前后电阻间的转换关系：

$$R_L' = R_L / p^2 \tag{1-3-6}$$

5. 自耦变压器耦合并联回路（见图 1-3-6）

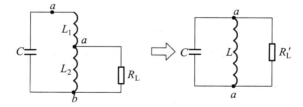

图 1-3-6　自耦变压器耦合变换

根据变换前后电阻消耗功率相等的原理，得到 $U_{ac}^2 / R_L' = U_{bc}^2 / R_L$，结合接入系数定义：

$$p = U_{bc} / U_{ac} = \begin{cases} L_2 / (L_1 + L_2) & , M = 0 \\ (L_2 \pm M) / (L_1 + L_2 \pm 2M), & M \neq 0 \end{cases} \tag{1-3-7}$$

若应用匝数表示接入系数，根据电感与匝数平方成正比原理 $L = kN$，上式可以写成：

$$p = U_{bc}/U_{ac} = \begin{cases} N_2^2/(N_1^2 + N_2^2) & , \; M = 0 \\ \dfrac{kN_2^2 + kN_1 N_2}{kN_1^2 + kN_2^2 + 2kN_1 N_2} = \dfrac{N_2}{N_1 + N_2} & , \; M \neq 0 \end{cases} \qquad (1\text{-}3\text{-}8)$$

变换前后电阻间的转换关系：

$$R_L' = R_L / p^2 \qquad (1\text{-}3\text{-}9)$$

结论：

（1）由部分向整体变换时候，等效电阻和等效电感增大 $(1/p^2)$ 倍。

（2）由部分向整体变换时候，等效电导和等效电容减小 p^2 倍。

（3）由整体向部分变换时候，上述结论相反。

1.4 耦合振荡回路

耦合振荡回路分为互感耦合和电容耦合振荡回路，本节重点讨论互感耦合振荡回路。

1.4.1 ABCD 矩阵和 K 变换器

用输出端的总电压和总电流来表示输入端口的总电压和总电流的矩阵称为 ABCD 矩阵（见图 1-4-1），矩阵形式如下。

$$\begin{bmatrix} V_1 \\ I_1 \end{bmatrix} = \begin{bmatrix} A & B \\ C & D \end{bmatrix} \begin{bmatrix} V_2 \\ I_2 \end{bmatrix} \qquad (1\text{-}4\text{-}1)$$

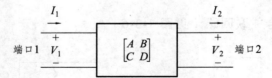

图 1-4-1 ABCD 矩阵电压电流关系

若一网络的 ABCD 矩阵如下

$$ABCD = \begin{bmatrix} 0 & jK \\ j\dfrac{1}{K} & 0 \end{bmatrix} \qquad (1\text{-}4\text{-}2)$$

则其对应的等效电路如图 1-4-2 所示。该电路有阻抗变换的功能，被称为 K 阻抗变换器。

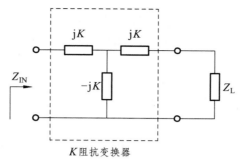

图 1-4-2　K 变换器等效电路图

输入阻抗与负载阻抗经过 K 阻抗变换器后，关系满足：

$$Z_{\mathrm{IN}} = \frac{K^2}{Z_{\mathrm{L}}} \qquad (1\text{-}4\text{-}3)$$

1.4.2　耦合振荡回路等效电路

一个互感耦合振荡回路如图 1-4-3 所示，它有两个振荡回路。接有激励信号源的回路叫初级回路，自阻抗 $Z_1 = R_1 + \mathrm{j}\left(\omega L_1 - \dfrac{1}{\omega C_1}\right) = R_1 + \mathrm{j}X_1$，与初级回路相耦合的回路叫次级回路，自阻抗 $Z_2 = R_2 + \mathrm{j}\left(\omega L_2 - \dfrac{1}{\omega C_2}\right) = R_2 + \mathrm{j}X_2$。根据基尔霍夫定律可列出下列方程。

$$\begin{cases} V_1 = Z_1 \cdot I_1 - \mathrm{j}\omega M \cdot I_2 \\ 0 = -\mathrm{j}\omega M \cdot I_1 + Z_2 \cdot I_2 \end{cases} \qquad (1\text{-}4\text{-}4)$$

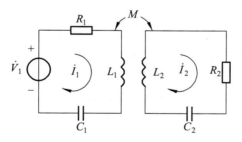

图 1-4-3　互感耦合振荡回路

将上述方程相互代入，可以得到如下方程组

$$\begin{cases} V_1 = \left(Z_1 + (\omega M)^2/Z_2\right) \cdot I_1 \\ \mathrm{j}\omega M \cdot \dfrac{V_1}{Z_1} = \left(Z_2 + (\omega M)^2/Z_1\right) \cdot I_2 \end{cases} \qquad (1\text{-}4\text{-}5)$$

令 $K = -\omega M$，$Z_{\mathrm{f1}} = K^2/Z_2 = R_{\mathrm{f1}} + \mathrm{j}X_{\mathrm{f1}}$，$Z_{\mathrm{f2}} = K^2/Z_1 = R_{\mathrm{f2}} + \mathrm{j}X_{\mathrm{f2}}$。上述方程中阻抗 Z_{f1}、Z_{f2} 称为

反射阻抗，可以理解为次级回路和初级回路经过互感的阻抗变换作用，加载到初级回路和次级回路的阻抗，此时互感的作用就是 K 阻抗变换器。此时方程组可以进一步写成

$$\begin{cases} V_1 = (Z_1 + Z_{f1}) \cdot I_1 \\ \mathrm{j}\omega M \cdot \dfrac{V_1}{Z_1} = (Z_2 + Z_{f2}) \cdot I_2 \end{cases} \tag{1-4-6}$$

上述方程组，描述的是典型的串联分压电路，故初级回路和次级回路的等效电路如图1-4-4所示。

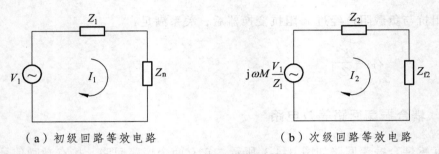

（a）初级回路等效电路　　　　　　　　（b）次级回路等效电路

图 1-4-4　互感耦合振荡等效电路

在无线电工程中，常常要对耦合回路进行调谐，使次级回路在某一信号频率下获得最大电流，从而使输出电压和输出功率也相应达到最大。下面，分别介绍几种谐振情况。

1.4.2.1　部分谐振

1. 初级部分谐振

保持次级回路电抗参数及初、次级回路之间互感不变，只改变初级回路电抗参数，使初级等效电路电流与激励信号源电压同相，称为初级部分谐振。

当初级等效电路发生部分谐振时，初级回路电流 I_1 达到最大值，这时反射电阻 R_{f1} 获得最大功率，这也意味着次级回路获得最大功率，因此次级回路电流 I_2 也达到最大值。所以，初级部分谐振条件是初级等效电路的总电抗为零。即

$$X_1 + X_{f1} = 0 \tag{1-4-7}$$

此时，初级回路最大电流为

$$I_{1\max} = \frac{V_1}{R_1 + R_{f1}} \tag{1-4-8}$$

次级回路最大电流为

$$I_{2\max} = \frac{\omega M V_1}{|Z_2|(R_1 + R_{f1})} \tag{1-4-9}$$

2. 次级部分谐振

保持初级回路电抗参数及初、次级回路之间互感不变，只改变次级回路电抗参数，使次级等效电路电流与感应电压同相位，称为次级部分谐振。

当次级等效电路发生部分谐振时，次级回路电流 I_2 达到最大值。因此次级部分谐振条件是次级等效电路的总电抗为零，即

$$X_2 + X_{f2} = 0 \qquad (1\text{-}4\text{-}10)$$

次级回路最大电流为

$$I_{2\max} = \frac{\omega M V_1}{|Z_1|(R_2 + R_{f2})} \qquad (1\text{-}4\text{-}11)$$

注意，发生初级部分谐振或次级部分谐振，都能够使次级回路 I_2 达到极大值，但电流数值不同。

1.4.2.2　复谐振

1. 初级部分谐振

在初级部分谐振的条件下，自阻抗和反射阻抗的实部相等 $R_1 = R_{f1}$，即初级回路自阻抗与反射阻抗共轭匹配时，达到初级复谐振状态。由此条件得

$$\frac{\omega M}{\sqrt{R_2^2 + X_2^2}} = \sqrt{\frac{R_1}{R_2}} \qquad (1\text{-}4\text{-}12)$$

代入式（1-4-8），得

$$I_{2\max} = \frac{V_1}{2\sqrt{R_1 R_2}} \qquad (1\text{-}4\text{-}13)$$

2. 次级复谐振

在次级部分谐振的条件下，自阻抗和反射阻抗的实部相等 $R_2 = R_{f2}$，即次级回路自阻抗与反射阻抗共轭匹配时，达到次级复谐振状态。同样可证明，当次级回路处于复谐振状态时，次级回路电流达到最大值，$I_{2\max} = \dfrac{V_1}{2\sqrt{R_1 R_2}}$。由此可见，耦合电路不论发生初级复谐振还是次级复谐振，其次级回路电流都达到最大值，且电流数值相等。

1.4.2.3　全谐振

单独调节初、次级回路电抗参数，使两个回路都与激励信号源频率谐振，这时耦合电路达到全谐振状态。其全谐振条件为

$$X_1 = 0, \quad X_2 = 0 \qquad (1\text{-}4\text{-}14)$$

当耦合回路发生全谐振时，两个回路的阻抗均呈现电阻性。此时，调节初次级回路互感，使得初级回路的自阻抗和反射阻抗的实部相等 $R_1 = R_{f1}$，显然次级回路自阻抗和反射阻抗的实部也同时相等，即 $R_2 = R_{f2}$。此时，初、次级回路的耦合处于一种临界状态，此时也称为最佳全谐振状态。由于此时初、次级回路均发生谐振，谐振频率为 ω_0，互感满足如下关系。

$$M = \frac{\sqrt{R_1 R_2}}{\omega_0} \tag{1-4-15}$$

当初、次级回路确定之后，该理论的耦合值 M 已经确定，为了区别一般情况，特别写成 $M_c = \sqrt{R_1 R_2} / \omega_0$。若继续调整互感的大小，虽然初、次级回路仍然是谐振状态，但此时电路已经不是最佳全谐振状态，而是一般的全谐振状态。为了描述全谐振状态与最佳全谐振状态的耦合偏离程度，引入耦合因数

$$\eta = \frac{M}{M_c} = \frac{k}{k_c} = k \frac{\sqrt{L_1 L_2}}{M_c} = k\omega_0 \sqrt{\frac{L_1 L_2}{R_1 R_2}} = k\sqrt{Q_1 Q_2} \tag{1-4-16}$$

为求出电流 I_2 表达式，将式（1-4-4）重新写成如下形式。

$$\begin{cases} V_1 = R_1(1 + j\xi_1) \cdot I_1 - j\omega M \cdot I_2 \\ 0 = -j\omega M \cdot I_1 + R_2(1 + j\xi_2) \cdot I_2 \end{cases} \tag{1-4-17}$$

一般情况下，初、次级回路元件值相同，即 $L = L_1 = L_2$、$C = C_1 = C_2$、$R = R_1 = R_2$ 条件下，有 $Q = Q_1 = Q_2$、$\xi = \xi_1 = \xi_2$、$\omega_0 = \omega_{01} = \omega_{02}$、$\eta = kQ$。电流 I_2 表示为

$$I_2 = \frac{j\dfrac{\omega M}{R^2} V}{\left(\dfrac{\omega M}{R}\right)^2 + (1 + j2\xi - 2\xi^2)} \tag{1-4-18}$$

为了简化分析，将电流 I_2 对最大值 I_{2max} 进行归一化。

$$\frac{I_2}{I_{2max}} = \frac{j2\eta}{\eta^2 + (1 + j2\xi - \xi^2)} \tag{1-4-19}$$

分析上述函数的幅度特性

$$H(\xi, \eta) = \left| \frac{I_2}{I_{2max}} \right| = \frac{2\eta}{\sqrt{4\xi^2 + (1 + \eta^2 - \xi^2)^2}} \tag{1-4-20}$$

根据耦合因数 η 的大小分别进行分析，函数图像如图 1-4-5 所示。

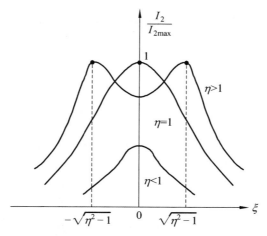

图 1-4-5 互感耦合幅度特性曲线

1. 临界耦合（ $\eta = 1$ ）

此时，函数 $H = 2/\sqrt{4+\xi^4}$ ，在 $\xi = 0$ 时，函数达到最大值 1，表明此时初、次级回路不仅发生了谐振，还满足匹配条件，因此对应最佳全谐振状态。

2. 强耦合（ $\eta > 1$ ）

在 $\xi = 0$ 时，初、次级回路的自阻抗同时发生谐振，但是由于函数 $H = 2\eta/\sqrt{1+\eta^2} < 1$，不满足匹配条件，因此对应全谐振状态。在 $\xi = \pm\sqrt{\eta^2-1}$ 处，函数取得最大值 1，表明初、次级同时满足匹配条件，因此对应复谐振状态。注意初、次级回路自阻抗都是失谐状态，与各自回路中的反射阻抗是共轭匹配关系。

3. 弱耦合（ $\eta < 1$ ）

在 $\xi = 0$ 时，初、次级回路的自阻抗同时发生谐振，函数 $H = 2\eta/\sqrt{1+\eta^2} < 1$，故不满足匹配条件，因此对应全谐振状态。

1.5 传输线变压器特性

传输线变压器的结构是将一对传输线均匀地绕在一个称为铁氧体的磁性材料制造的铁环上，构成一个变压器。图 1-5-1 为传输线变压器的原理图。

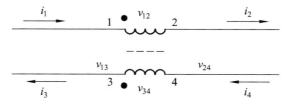

图 1-5-1 传输线变压器

由于变压器两侧是一对传输线，根据传输线原理知道两边的电流应该相等。又因为变压器两侧的匝数完全一样，所以原电压与感应电压应该相等。若图 1-5-1 中 1、3 端为同名端，则有

$$
\begin{cases}
i_3 = i_1,\ i_4 = i_2 \\
v_{12} = v_{34}
\end{cases}
\tag{1-5-1}
$$

若图 1-5-1 中传输线长度为 l、特征阻抗为 Z_0，并假定传输线无损耗。定义 2、4 端的空间坐标为 0，根据传输线方程，可以写出

$$
\begin{cases}
v_{13} = V^+ e^{j\beta l} + V^- e^{-j\beta l} = (V^+ + V^-)\cos\beta l + j(V^+ - V^-)\sin\beta l \\
i_1 = \dfrac{1}{Z_0}(V^+ e^{j\beta l} - V^- e^{-j\beta l}) = \dfrac{(V^+ + V^-)}{Z_0}\cos\beta l + j\dfrac{(V^+ + V^-)}{Z_0}\sin\beta l
\end{cases}
\tag{1-5-2}
$$

考虑到在坐标 0 处：

$$
\begin{cases}
v_{24} = V^+ + V^- \\
i_2 = \dfrac{(V^+ + V^-)}{Z_0}
\end{cases}
\tag{1-5-3}
$$

式（1-5-2）可以写成

$$
\begin{cases}
v_{13} = v_{24}\cos\beta l + j i_2 Z_0 \sin\beta l \\
i_1 = i_2 \cos\beta l + j\dfrac{v_{24}}{Z_0}\sin\beta l
\end{cases}
\tag{1-5-3}
$$

一般传输线长度 l 很短，满足 $l < \dfrac{\lambda}{8}$，此时 $\beta l \approx 0$，代入上式得到

$$
\begin{cases}
v_{13} = v_{24} \\
i_1 = i_2
\end{cases}
\tag{1-5-4}
$$

传输线变压器的特点：传输线两端的电压相等、变压器两端的电压相等，两根传输线中电流大小相同且方向相反。

当传输线达到阻抗匹配条件时，理论上它具有无限大的频带带宽，所以传输线变压器的频率特性大大优于普通变压器。又由于传输线变压器中，两根传输线中的电流大小相等且方向相反，所以在磁性材料中的磁通密度相等。相互抵消的结果使得磁性材料中的总磁通密度大大降低，所以，可以用很小的磁芯制作很大功率的传输线变压器。

思考题与习题

（1）若串联谐振回路的 $f_0 = 1.5\ \text{MHz}$，$C_0 = 100\ \text{pF}$，谐振时电阻 $R = 5\ \Omega$。试求 Q_0 和 L_0。若信号源电压振幅 $V_{sm} = 1\ \text{mV}$，求谐振时回路中的电流 I_0 以及回路元件上的电压 V_L 和 V_C。

（2）给定并联谐振回路的 $f_0 = 5\,\text{MHz}$，$C = 50\,\text{pF}$，通频带 $2\Delta f_{0.7} = 150\,\text{kHz}$。试求品质因素 Q_0 和电感 L。若把 $2\Delta f_{0.7}$ 加宽至 $300\,\text{kHz}$，应在回路两端再并联一个阻值多大的电阻？

（3）为什么耦合回路在耦合大到一定程度时，谐振曲线出现双峰？

（4）如何解释 $\omega_{01} = \omega_{02}$，$Q_1 = Q_2$ 时，耦合回路呈现下列物理现象：

① $\eta < 1$ 时，I_{2m} 在 $\xi = 0$ 处是峰值，而且随着耦合加强，峰值增加。

② $\eta > 1$ 时，I_{2m} 在 $\xi = 0$ 处是谷值，而且随着耦合加强谷值下降。

③ $\eta > 1$ 时，出现双峰而且随着 η 值增加，双峰之间距离增大。

（5）为什么耦合回路次级电流谐振曲线（尤其在临界耦合时）与单回路相比，具有较平坦的顶部和较陡峭的边缘？

（6）部分接入负载的并联谐振回路如图 1-6-1 所示。已知回路参数 $L = 170\,\text{nH}$，$C_1 = C_2 = 330\,\text{pF}$，空载 $Q_0 = 80$。试求：

① 若 $R_L = 3\,\text{k}\Omega$，计算回路谐振频率和带宽。

② 若 R_L 降至 $30\,\Omega$，近似估计谐振频率和带宽。

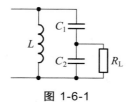

图 1-6-1

（7）一互感耦合型双调谐回路，已知回路两侧对称，$C = 330\,\text{pF}$，$L = 2\,\mu\text{H}$，$Q = 100$，互感 $M = 40\,\text{nH}$。试求该回路的中心频率 ω_0、带宽 $BW_{0.7}$，以及矩形系数 $K_{0.1}$。

第 2 章 高频小信号谐振放大器

在无线通信设备中，高频信号的幅度有时是相当小的，这些微弱的信号只有经过充分放大，才能够进入随后的各种信号处理过程中。高频小信号谐振放大器就是针对这些微弱高频信号的放大电路，常常用在发送设备的前置放大、接收设备中的高频放大等环节。

本章首先介绍高频小信号谐振放大器的等效电路，接着介绍指标性能和分析方法。

2.1 高频小信号谐振放大器的等效电路

高频电路中实用的晶体管与低频电路中实用的一样，可以分为双极型晶体管和场效应晶体管两类。由于工作频率的升高，对于晶体管的要求不同，因此在具体实用的材料及结构上有别于低频晶体管，本书主要以双极型晶体管为例进行原理介绍。

双极型晶体管在高频小信号运用时，它的等效电路主要有两种：混合π参数等效电路和网络 Y 参数等效电路。

2.1.1 混合π参数等效电路

把双极型晶体管内部的复杂关系，用集总元件 *RLC* 表示，则每一元件与晶体管内发生的某种物理过程具有明显的关系。这种物理模拟的方法得到的物理等效线路就是混合π参数等效电路，如图 2-1-1 所示。

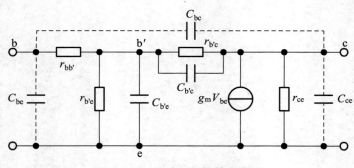

图 2-1-1 混合π参数等效电路

图中，$r_{b'e}$ 是基射极间电阻；$C_{b'e}$ 是发射结电容；$r_{b'c}$ 是集电结电阻；$C_{b'c}$ 是集电结电容；$r_{bb'}$ 是基极电阻；g_m 是晶体管跨导；$g_m V_{be}$ 表示压控电流源；C_{bc}、C_{be}、C_{ce} 是由晶体管引

线和封装引入的 3 个附加电容；$C_{b'c}$ 和 $r_{bb'}$ 的存在对晶体管高频应用很不利，$C_{b'c}$ 将输出的交流电压反馈到输入，可能引起放大器自激。$r_{bb'}$ 在共基极电路中引起高频负反馈，降低晶体管的电流放大系数。

混合π参数等效电路的优点在于，各个元件在很宽的频率范围内都保持常数，缺点是分析电路不够方便。

2.1.2　网络 Y 参数等效电路

小信号放大状态下的晶体管可以看成一个双端口网络，不关心其内部结构，只从外部输入输出关系可得到一系列参数。这样得到的模型称为晶体管的网络参数模型。在高频电路中，主要采用 Y 参数来等效，因为 Y 参数是导纳参数，而若干导纳并联时总导纳可直接相加，计算起来十分方便。

图 2-1-2　Y 参数电压电流参考方向

图 2-1-2 显示了双端口网络的电压、电流参考方向，双端口网络的 Y 参数以端口电压为自变量，电流为因变量，方程如下

$$\begin{bmatrix} i_1 \\ i_2 \end{bmatrix} = \begin{bmatrix} y_{11} & y_{12} \\ y_{21} & y_{22} \end{bmatrix} \begin{bmatrix} v_1 \\ v_2 \end{bmatrix} \qquad (2\text{-}1\text{-}1)$$

Y 参数含义：

$y_{11} = \dfrac{i_1}{v_1}\bigg|_{v_2=0}$，端口 2 短路时，端口 1 的输入导纳；

$y_{12} = \dfrac{i_1}{v_2}\bigg|_{v_1=0}$，端口 1 短路时，端口 2 到端口 1 的反向转移导纳；

$y_{21} = \dfrac{i_2}{v_1}\bigg|_{v_2=0}$，端口 2 短路时，端口 1 到端口 2 的正向转移导纳；

$y_{22} = \dfrac{i_2}{v_2}\bigg|_{v_1=0}$，端口 1 短路时，端口 2 的输出导纳。

由于 Y 参数具有导纳量纲，且是在端口短路条件下求得，因此也称为短路导纳参数。用 Y 参数表示的共射组态的晶体管小信号模型如图 2-1-3 所示。其中，角标 i 表示输入，f 表示正向传输，r 表示反向传输，o 表示输出，e 表示所示的等效电路为共射组态。

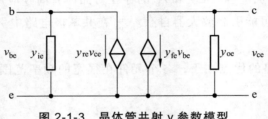

图 2-1-3 晶体管共射 y 参数模型

在单向化近似条件下，即 $y_{re} \approx 0$ 条件下，图 2-1-3，可以简化成图 2-1-4，后续电路的分析也是基于单向化近似条件下的共射 Y 参数模型。

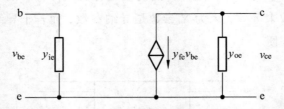

图 2-1-4 单向化近似条件下的晶体管共射 Y 参数模型

混合π参数等效电路和网络 Y 参数模型是对晶体管的不同角度的描述，两者可以根据电路理论进行等效。

2.2 单调谐回路谐振放大器

2.2.1 频率特性

图 2-2-1 是晶体管单调谐回路小信号放大器的典型电路。该电路负载是并联谐振回路。

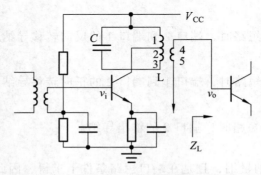

图 2-2-1 高频小信号单调谐谐振放大电路

在单向化近似条件下，其对应的交流小信号等效电路如图 2-2-2 所示。

24

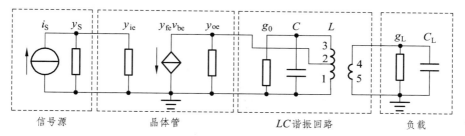

图 2-2-2　晶体管单调谐回路小信号放大器的交流等效电路

分析上述电路，以 LC 谐振回路为中心，将源端和负载端的阻抗全部等效到 LC 谐振回路两端。经过等效之后，晶体管的输出等效回路如图 2-2-3 所示。

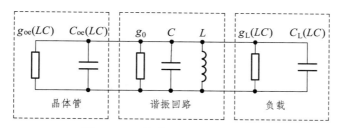

图 2-2-3　输出回路的等效电路

接在 LC 回路两端的部分加注角标 LC，接在晶体管 ce 两端的加注角标 ce，接在负载两端的部分加注角标 ZL。图 2-2-2 中 1—3 端的线圈匝数记为 N_{LC}，1—2 端的线圈匝数记为 N_{ce}，4—5 端的线圈匝数记为 N_{ZL}。初级的接入系数 $p_1 = \dfrac{N_{ce}}{N_{LC}}$，次级的接入系数 $p_2 = \dfrac{N_{ZL}}{N_{LC}}$。根据抽头耦合部分阻抗与整体阻抗变换关系，晶体管的输出导纳等效到 LC 谐振回路的两端。

$$\begin{cases} g_{oe(LC)} = p_1^2 g_{oe} \\ C_{oe(LC)} = p_1^2 C_{oe} \end{cases} \tag{2-2-1}$$

负载导纳等效到 LC 谐振回路的两端后：

$$\begin{cases} g_{L(LC)} = p_2^2 g_L \\ C_{L(LC)} = p_2^2 C_L \end{cases} \tag{2-2-2}$$

图 2-2-3 中的所有电容和电导可以合并，合并后回路的总电容和电导：

$$\begin{cases} g_\Sigma = g_0 + g_{oe(LC)} + g_{L(LC)} \\ C_\Sigma = C_0 + C_{oe(LC)} + C_{L(LC)} \end{cases} \tag{2-2-3}$$

LC 谐振回路的谐振频率为

$$\omega_0 = \frac{1}{\sqrt{LC_\Sigma}} \tag{2-2-4}$$

LC 谐振回路的无载品质因素 Q_0 和有载品质因素 Q_L 为

$$\begin{cases} Q_0 = \dfrac{1}{\omega_0 L g_0} = \dfrac{\omega_0 C_\Sigma}{g_0} \\ Q_L = \dfrac{1}{\omega_0 L g_\Sigma} = \dfrac{\omega_0 C_\Sigma}{g_\Sigma} = Q_0 \dfrac{g_0}{g_\Sigma} \end{cases}$$ （2-2-5）

宽带关系为

$$FBW \cdot Q_L = 1$$ （2-2-6）

放大器的归一化幅频特性为

$$H(\omega) = \frac{1}{\sqrt{1 + \xi^2}} \approx \frac{1}{\sqrt{1 + \left(Q_L \dfrac{2\Delta\omega}{\omega_0} \right)^2}}$$ （2-2-7）

可见晶体管单调谐回路小信号放大器的频率特性取决于 LC 谐振回路，但要注意将晶体管与负载的电纳与电抗分量全部等效到谐振回路中去。

2.2.2 功率增益

在单向化近似条件下，带负载的晶体管共射放大器电路如图 2-2-4 所示。其中，$y_{L(ce)} = g_{L(ce)} + jb_{L(ce)}$ 是等效到晶体管输出端的负载导纳。

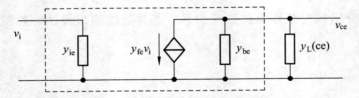

图 2-2-4 带负载的晶体管共射 Y 参数模型

放大器等效到晶体管输出端的电压增益为

$$G_v = \frac{v_{ce}}{v_i} = \frac{-y_{fe} v_i / (y_{oe} + y_{L(ce)})}{v_i} = \frac{-y_{fe}}{y_{oe} + y_{L(ce)}}$$ （2-2-8）

功率增益为

$$G_p = \frac{P_o}{P_i} = \frac{|v_{ce}|^2 g_{L(ce)}}{|v_i|^2 g_{ie}} = |G_v|^2 \frac{g_{L(ce)}}{g_{ie}} = \frac{|y_{fe}|^2 g_{L(ce)}}{|y_{oe} + y_{L(ce)}|^2 g_{ie}}$$ （2-2-9）

当输出端阻抗共轭匹配时候，即 $g_{oe} = g_{L(ce)}$、$b_{oe} = -b_{L(ce)}$ 时候，负载将得到最大功率，此时式（2-2-9）可以化简为

$$G_{p\max} = \frac{P_{o\max}}{P_i} = \frac{|y_{fe}|^2}{4g_{ie}g_{oe}} \qquad (2\text{-}2\text{-}10)$$

式（2-2-10）表示了理想放大器可能达到的最大功率增益，称为放大器的额定功率增益。由此式可知，晶体管放大器的额定功率增益只与晶体管参数有关，而与电流参数无关。式（2-2-10）表达的是等效到 ce 两端的负载阻抗与输出阻抗匹配的条件下，电路的最大功率增益。实际情况下，LC 并联谐振回路会有损耗，等效到 ce 两端的负载阻抗也可能与输出阻抗不匹配，此时，实际的功率增益就会比额定功率增益小。

下面先考虑 LC 谐振回路的插入损耗影响。

由于 LC 回路引起损耗的只是其损耗电导，为了方便讨论，图 2-2-5 略去了与损耗无关的元件。其中 g_S 是源电导，g_L 是负载电导，g_0 是 LC 谐振回路的损耗电导。

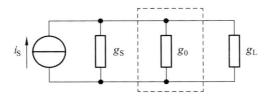

图 2-2-5　考虑插入损耗的模型

不考虑 g_0 时，最大输出功率：

$$P_{o\max} = \left(\frac{i_S}{g_S + g_L}\right)^2 g_L \qquad (2\text{-}2\text{-}11)$$

考虑 g_0 时的输出功率为

$$P_o' = \left(\frac{i_S}{g_S + g_0 + g_L}\right)^2 g_L \qquad (2\text{-}2\text{-}12)$$

考虑谐振回路的损耗后，由于 Q 值与负载电导成反比，即 $\dfrac{g_0}{g_\Sigma} = \dfrac{Q_L}{Q_0}$，则插入损耗 IL 定义如下。

$$IL = \frac{P_{o\max}}{P_o'} = \left(\frac{g_S + g_L}{g_S + g_0 + g_L}\right)^2 = \frac{1}{\left(1 - \dfrac{g_0}{g_\Sigma}\right)^2} = \frac{1}{\left(1 - \dfrac{Q_L}{Q_0}\right)^2} \qquad (2\text{-}2\text{-}13)$$

功率增益 $G_P' = \dfrac{P_o'}{P_i}$，P_o' 为考虑了插入 g_0 之后，负载的消耗功率，故可以进一步写成

$$G_P' = \frac{P_o'}{P_i} = \frac{P_{o\max}}{P_i}\frac{P_o'}{P_{o\max}} = G_{p\max}\frac{1}{IL} \qquad (2\text{-}2\text{-}14)$$

所以，在阻抗匹配条件下考虑插入损耗后，放大器的功率增益为

$$G'_P(\text{dB}) = G_{p\max}(\text{dB}) - IL(\text{dB}) \qquad (2\text{-}2\text{-}15)$$

前面的情况都是基于阻抗匹配情况下的讨论，若阻抗不匹配，则会导致功率的进一步降低。考虑图 2-2-6 的失配电路模型，该模型是在考虑了 LC 谐振回路损耗 g_0 条件下的等效电路，此时源导纳 $g'_\text{S} = (g_\text{S} + g_0)$，负载匹配时，即 $g_\text{L} = g'_\text{S}$，负载吸收的最大功率为 $P'_\text{o} = \dfrac{P_{o\max}}{IL}$，而不是 $P_{o\max}$，此处需要注意。

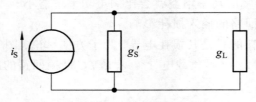

图 2-2-6　阻抗失配模型

不失一般性，定义失配系数 $\gamma = g_\text{L}/g'_\text{S}$，此时负载吸收的功率

$$P''_\text{o} = \left(\frac{i_\text{S}}{g'_\text{S} + g_\text{L}}\right)^2 g_\text{L} = \left(\frac{i_\text{S}}{g_\text{S} + g_0 + g_\text{L}}\right)^2 g_\text{L} \qquad (2\text{-}2\text{-}16)$$

当阻抗匹配，即 $g_\text{L} = g'_\text{S} = (g_\text{S} + g_0)$ 时，负载吸收的最大功率为 $P'_\text{o} = \dfrac{i_\text{S}^2}{4g'_\text{S}}$，故上式可以变为

$$P''_\text{o} = P'_\text{o} \cdot \frac{4\gamma}{(1+\gamma)^2} \qquad (2\text{-}2\text{-}17)$$

定义失配损耗 $DL = 1 \Big/ \left(\dfrac{4\gamma}{(1+\gamma)^2}\right)$，则此时，考虑 LC 电路损耗和负载失配影响后的功率增益一般表达式为

$$G''_P = \frac{P''_\text{o}}{P_\text{i}} = \frac{P_{o\max}}{P_\text{i}} \cdot \frac{P'_\text{o}}{P_{o\max}} \cdot \frac{P''_\text{o}}{P'_\text{o}} \cdot \frac{4\gamma}{(1+\gamma)^2} = G_{p\max} \cdot \frac{1}{IL} \cdot \frac{1}{DL} \qquad (2\text{-}2\text{-}18)$$

放大器的功率增益一般为

$$G''_P(\text{dB}) = G_{p\max}(\text{dB}) - IL(\text{dB}) - DL(\text{dB}) \qquad (2\text{-}2\text{-}19)$$

上式清晰地表示了由于 LC 并联谐振回路插入损耗和失配损耗的存在，导致了电路功率增益的降低。

2.2.3　电压增益与增益带宽积

高频小信号单调谐谐振放大电路如图 2-2-7 所示。

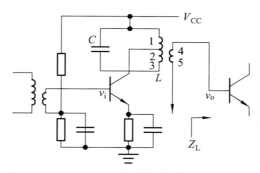

图 2-2-7　高频小信号单调谐谐振放大电路

图 2-2-7 中小信号放大器的电压增益应该是后级输入电压与本级输入电压之比，$G_v = \dfrac{v_o}{v_i}$。由于 $G_p = \dfrac{v_o^2 g_L}{v_i^2 g_{ie}} = G_v^2 \dfrac{g_L}{g_{ie}}$，因此

$$G_v = \sqrt{G_p \frac{g_{ie}}{g_L}} \qquad\qquad (2\text{-}2\text{-}20)$$

考虑理想放大器的电压增益时，忽略了谐振回路的损耗条件，在阻抗匹配时，即 $g_{oe(LC)} = g_{oe} p_1^2 = g_L p_2^2 = g_{L(LC)}$、$p_1 = \dfrac{N_{ce}}{N_{LC}}$、$p_2 = \dfrac{N_{ZL}}{N_{LC}}$，将导纳都转换到 LC 并联谐振回路两端，并将 $G_{p\max} = \dfrac{|y_{fe}|^2}{4 g_{ie} g_{oe}}$ 代入上式，得出

$$G_{v\max} = \sqrt{\frac{|y_{fe}|^2}{4 g_{ie} g_{oe}} \frac{g_{ie}}{g_L}} = \frac{|y_{fe}|}{2\sqrt{g_{oe} g_L}} = p_1 p_2 \frac{|y_{fe}|}{2 g_{oe(LC)}} \qquad (2\text{-}2\text{-}21)$$

注意，$2g_{oe(LC)}$ 就是在阻抗匹配条件下，晶体管输出电导和负载电导等效到回路的损耗电导。由于这里考虑理想放大器，认为 LC 回路无损耗。因此在此条件下回路的 Q 值为

$$Q_L = \frac{1}{\omega_0 L \cdot (2 g_{oe(LC)})}$$

根据放大器带宽与 Q 值的关系，放大器带宽为

$$BW = \frac{f_0}{Q_L} = \omega_0 L \cdot (2 g_{oe(LC)}) \cdot f_0 \qquad\qquad (2\text{-}2\text{-}22)$$

放大器的增益带宽积 GBP 定义为最大电压增益与带宽之积。

$$GBP = G_{v\max} \cdot BW = p_1 p_2 |y_{fe}| \omega_0 L f_0 = p_1 p_2 |y_{fe}| \frac{f_0}{\omega_0 C_\Sigma} = \frac{p_1 p_2 |y_{fe}|}{2\pi C_\Sigma} \qquad (2\text{-}2\text{-}23)$$

可见晶体管谐振放大器的增益带宽积在晶体管参数和谐振回路参数确定之后是一个常数。

2.3 多级调谐放大器

单级调谐放大器的增益有限，其带宽和矩形系数均取决于 LC 谐振回路，增益带宽积为常数。这些特点决定了单级调谐放大器不能很好地适应各种不同特点的信号放大。为了满足不同场合的增益、带宽及选择性的需求，通常在高频放大其中采用多级放大器形式。

多级放大器级联之后，其总增益是各级放大器增益之积。由于单调谐回路放大器的归一化幅频特性有 $\dfrac{1}{\sqrt{1+\xi^2}}$ 的形式，若有 n 级相同的单调谐回路放大器级联，则总的幅频特性为

$$H(\omega) = \left(\frac{1}{\sqrt{1+\xi^2}} \right)^n \tag{2-3-1}$$

令上式等于 $\dfrac{1}{\sqrt{2}}$，得到此时的广义失谐 $\xi = \sqrt{\sqrt[n]{2}-1}$，所以，$n$ 级相同的单调谐回路放大器级联后的 3 dB 带宽

$$BW_\Sigma = \xi \frac{f_0}{Q_L} = \sqrt{\sqrt[n]{2}-1} \frac{f_0}{Q_L} = \sqrt{\sqrt[n]{2}-1} \cdot BW \tag{2-3-2}$$

即 n 级相同的单调谐回路放大器级联后的 3 dB 带宽下降为单级放大器的 $\sqrt{\sqrt[n]{2}-1}$ 倍。同样，令式（2-3-1）等于 0.1，求得多级放大器的矩形系数：

$$K_{0.1} = \frac{\sqrt{\sqrt[n]{100}-1}}{\sqrt{\sqrt[n]{2}-1}} \tag{2-3-3}$$

表 2-3-1 列出了在不同 n 值的情况下，多级单调谐放大器的带宽与矩形系数数值。可以看到，随着级数 n 的增加，多级放大器的总带宽 BW_Σ 将减小，矩形系数 $K_{0.1}$ 也同时减小。

表 2-3-1　多级单调谐放大器的带宽与矩形系数

n	1	2	3	4	5
BW_Σ/BW	1	0.64	0.31	0.43	0.39
$K_{0.1}$	9.95	4.56	3.74	3.38	3.19

矩形系数减小意味着选择性变好，但在 $n>3$ 后，矩形系数的减小不明显。另一方面，若要维持放大器的总带宽不变，多级放大器中每级放大器的带宽必然增大，而每级的增益带宽积是个常数，级数越多，每级的增益下降越多。所以，在多级放大器中，增益、带宽和选择性之间存在一定的矛盾，通常只能根据实际需求进行折中处理。一般情况下，多级放大器只用 2 或 3 级。多级双调谐回路放大器也有类似的结论。当 $n>2$ 后，性能改善不明显，所以，多级双调谐回路放大器很少有用到 2 级以上情况。

思考题与习题

（1）某调谐放大器如图 2-4-1 所示，$f_0 = 6.5\,\text{MHz}$，中频变压器 $L_{13} = 5.8\,\mu\text{H}$，$Q_0 = 80$，$N_{13} = 20$，$N_{23} = 8$，$N_{45} = 5$，初次级为紧耦合。两级晶体管的工作点相同，在工作点和工作频率上测得它们的参数为 $g_{ie} = 2\,860\,\mu\text{S}$，$C_{ie} = 32\,\text{pF}$，$g_{oe} = 200\,\mu\text{S}$，$C_{oe} = 2\,\text{pF}$，$|y_{fe}| = 45\,\text{mS}$，$y_{re}$ 可忽略。试画出其高频小信号等效电路，并计算谐振电容 C、通频带 BW 和放大器的功率增益 G_p 的值，上述计算中可忽略偏置电阻的影响。

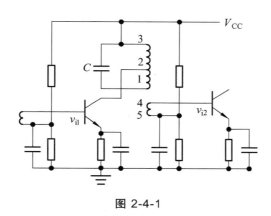

图 2-4-1

（2）图 2-4-2 为一高频谐振放大器的局部电路，其中互感谐振回路设计在临界耦合状态，谐振频率 $f_0 = 1.5\,\text{MHz}$，3 dB 带宽 $BW = 100\,\text{kHz}$。已知 $L_1 \approx L_2 \approx 110\,\mu\text{H}$，电感固有 Q 值为 $Q_0 = 100$，高频晶体管的参数为：$g_{ie} = 1\,\text{mS}$，$C_{ie} = 32\,\text{pF}$，$g_{oe} = 200\,\mu\text{S}$，$C_{oe} = 2\,\text{pF}$，$y_{re}$ 可忽略。试求电感初次级的接入系数 $p_1 = n_{12}/n_{13}$，$p_2 = n_{56}/n_{46}$，以及谐振回路电容 C_1、C_2 的值。其余电阻电容为退耦及偏置电路，在分析时可忽略。

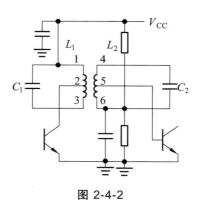

图 2-4-2

（3）共基极单调谐放大器如图 2-4-3 所示。已知放大器中心频率 $f_0 = 30\,\text{MHz}$，三极管 Y 参数为：$y_{ie} = (0.5 + j4)\,\text{mS}$，$y_{fe} = j50\,\text{mS}$，$y_{oe} = j0.94\,\text{mS}$。回路空载品质因素 $Q_0 = 60$，回

31

路电容 $C = 20\text{ pF}$，接入系数 $p_1 = 1$，$p_2 = 0.07$，负载电阻 $R_L = 50\ \Omega$。试求：① 放大器谐振电压增益；② 3 dB 带宽；③ 失谐 ±5 MHz 的选择性。

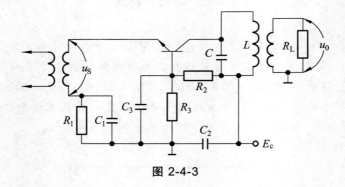

图 2-4-3

（4）某一单级调谐放大器如图 2-4-4 所示。已知谐振频率 $f_0 = 10\text{ MHz}$，电感 $L = 4\ \mu\text{H}$，初级线圈总圈数 $N = 20$ 圈，$N_1 = N_2 = 5$ 圈，回路空载品质因数 $Q_0 = 60$。晶体管 BG_1、BG_2 相同，其主要 Y 参数为 $y_{\text{ie}} = (1 + \text{j}1.5)\text{ mS}$，$y_{\text{oe}} = (0.1 - \text{j}0.8)\text{ mS}$，$y_{\text{fe}} = (30 - \text{j}4)\text{ mS}$。试求：① 画出放大器交流等效电路；② 计算谐振电压增益 A_{u0}；③ 计算通频带 $2\Delta f_{0.7}$；④ 若组成两级放大器，总通频带为 2 MHz，问每一级放大器通频带为多少？

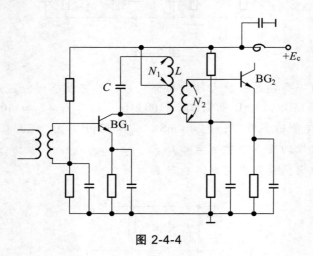

图 2-4-4

（5）根据 A 参数定义证明：多个网络的 A 参数矩阵的乘积就是整个级联网络的 A 参数矩阵。

第 3 章 高频功率放大器

高频功率放大器和低频功率放大器的共同点是输出功率大和效率高，但由于二者的工作频率和相对频带宽度相差很大。低频功率放大器的工作频率低，但相对频带宽度却很宽。高频功率放大器的工作频率高，但相对频带很窄。高频功率放大器一般采用选频网络作为负载回路，大多工作于丙类。由于调谐回路具有滤波能力，虽然丙类放大器的电流波形失真很大，但回路输出电压仍然接近于正弦波形，失真很小。

本章首先介绍导通角与集电极效率间的关系，接着介绍高频功率放大器的工作原理，最后介绍高频功放的直流馈电线路。

3.1 导通角与集电极效率

低频电子线路中讨论过 A 类和 B 类功率放大器。这两类放大器的主要区别就是其中晶体管的导通角情况不同。如图 3-1-1 所示，A 类放大器在整个信号周期内晶体管都处于导通状态，对信号进行放大；而 B 类放大器则只在信号的半个周期内导通，所以需要两个晶体管进行推挽式工作，轮流对半个周期的信号进行放大，以便在负载上得到完整的输出信号。若将输出信号定义为余弦信号，则 A 类放大器的导通角为 – 180° ~ 180°，B 类放大器的导通角为 – 90° ~ 90°。若进一步减小导通角，则晶体管的输出电流波形将是余弦波形顶上的一部分，称此为尖顶余弦脉冲电流，工作在此状态下的放大器称为 C 类放大器。

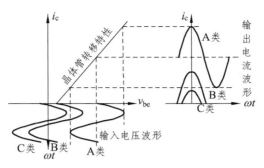

图 3-1-1 放大器的导通角与输出波形关系

下面研究导通角与集电极效率的关系。

尖顶余弦脉冲电流的波形如图 3-1-2 所示，实线轴以下的实际集电极电流为 0。相当于余弦函数 $I_m \cos \omega t$ 向下移动了 $(I_m - I_{cm})$，所以尖顶余弦脉冲函数为

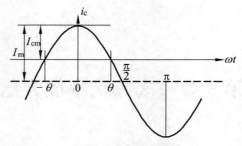

图 3-1-2　放大器的导通角与输出波形关系

$$i_c = I_m \cos \omega t - (I_m - I_{cm}) = I_{cm} - I_m(1 - \cos \omega t) \tag{3-1-1}$$

根据 $I_m \cos \theta = (I_m - I_{cm})$，代入上式得到

$$i_c = I_{cm} - \frac{I_{cm}}{1 - \cos \theta}(1 - \cos \omega t) = I_{cm} \frac{\cos \omega t - \cos \theta}{1 - \cos \theta} \tag{3-1-2}$$

将式（3-1-2）进行傅立叶级数展开，得

$$i_c = \sum_n \alpha_n(\theta) \cdot I_{cm} \cos n\omega t \tag{3-1-3}$$

系数 $\alpha_n(\theta)$ 称为尖顶余弦脉冲分解系数。

$$\begin{cases} \alpha_0(\theta) = \dfrac{\sin \theta - \theta \cos \theta}{\pi(1 - \cos \theta)} \\[2mm] \alpha_1(\theta) = \dfrac{\theta - \sin \theta \cos \theta}{\pi(1 - \cos \theta)} \\[2mm] \alpha_n(\theta) = \dfrac{2}{\pi} \cdot \dfrac{\sin n\theta - n \cos n\theta \sin \theta}{n(n^2 - 1)(1 - \cos \theta)}, \quad (n \geqslant 2) \end{cases} \tag{3-1-4}$$

从式（3-1-4）得知，尖顶余弦脉冲分解系数仅仅是导通角 θ 的函数，当导通角确定后，该系数就确定了。图 3-1-3 给出了几个尖顶余弦脉冲分解系数随导通角的变化关系。其中最重要的是 $\alpha_0(\theta)$ 和 $\alpha_1(\theta)$，前者表示了尖顶余弦脉冲电流中的直流分量大小，后者表示了尖顶余弦脉冲电流中基频分量的大小。

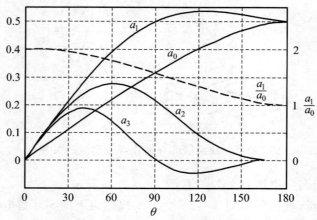

图 3-1-3　尖顶余弦脉冲分解系数

34

若定义尖顶余弦脉冲电流中的基频成分作为输出，则输出功率为

$$P_{o1} = \frac{1}{2} I_{cm1} V_{cm1} \qquad\qquad （3\text{-}1\text{-}5）$$

电源提供的直流输入功率为

$$P_{DC} = I_{cm0} V_{CC} \qquad\qquad （3\text{-}1\text{-}6）$$

由此得到功率放大器的集电极效率为

$$\eta = \frac{P_{o1}}{P_{DC}} = \frac{1}{2} \cdot \frac{I_{cm1}}{I_{cm0}} \cdot \frac{V_{cm1}}{V_{CC}} = \frac{1}{2} \cdot \frac{\alpha_1(\theta)}{\alpha_0(\theta)} \cdot \frac{V_{cm1}}{V_{CC}} = \frac{1}{2} \cdot \gamma \cdot \xi \qquad\qquad （3\text{-}1\text{-}7）$$

其中，集电极电压利用系数 $\xi = \dfrac{V_{cm1}}{V_{CC}}$，波形系数 $\gamma = \dfrac{I_{cm1}}{I_{cm0}} = \dfrac{\alpha_1(\theta)}{\alpha_0(\theta)}$。由于 $\xi \leqslant 1$，则对 A 类放大器而言，$\gamma(180^\circ) = 1$，则集电极效率 $\eta \leqslant 50\%$；B 类放大器 $\gamma(90^\circ) = 1.75$，则集电极效率 $\eta \leqslant 78.5\%$；由于导通角减小会导致集电极效率提高，因此在高频功率放大器中，为了追求更高的效率，常常使放大器工作在 C 类状态。但根据图 3-1-3 可以看出，当导通角减小时，尽管集电极效率得到了提高，但是由于 $\alpha_1(\theta)$ 在迅速减小，导致输出功率也越来越小。所以，实际的高频功率放大器需要权衡效率与输出功率，导通角一般取 $65^\circ \sim 75^\circ$。

3.2　高频功率放大器的工作原理

C 类高频功率放大器的输出电流不是一个完整的余弦波，也没有像 B 类放大器那样用两个晶体管互相补偿得到完整的输出波形，所以，C 类放大器必须依赖无源滤波网络从晶体管输出的尖顶余弦脉冲电流中取出其中的基频分量。如图 3-2-1 所示就是高频 C 类功率放大器的原理电路，其中 V_{CC} 和 V_{BB} 分别提供晶体管集电极和基极偏置电压，与它们并联的电容提供交流旁路，LC 谐振回路则起到滤波和阻抗变换作用。输入回路一般工作在负偏压状态，为方便分析，注意图中的 V_{BB} 的参考方向，即 V_{BB} 取正值表示负偏压，取负值表示正偏压。

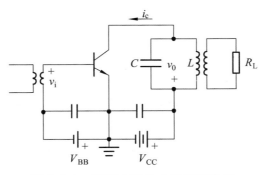

图 3-2-1　高频功率放大器原理电路

高频 C 类功率放大器通常工作在大信号、非线性状态，不能够用线性电路的 Y 参数方法进行分析。常常采用图解分析方法进行 C 类功率放大器工作状态的分析。

图 3-2-2 中的虚线就是描述高频功率放大器的动态负载线。所谓动态负载线，就是在一个输入信号周期内，晶体管集电极电流 i_c 与集电极电压 v_{ce} 共同确定的动态工作点的运动轨迹，它由晶体管特性曲线和外电路方程共同确定。由于晶体管特性曲线是非线性的，因此实际的动态负载线不是一条直线。为了分析方便，在不需要精确计算的场合采用折线近似。

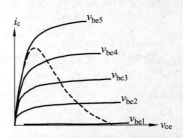

图 3-2-2　高频功率放大器的动态负载线

在分析高频功率放大器时，与低频电路中的输出特性曲线采用 i_b 作为参变量略有不同，晶体管输出特性曲线采用 v_{be} 作为参变量，即 $i_c = f(v_{ce}, v_{be})$。根据输入特性曲线的线性关系，知道以 v_{be} 和 i_b 画出的 i_c 形状是一致的。为了近似分析晶体管在放大区的输出电流变化情况，将晶体管转移特性作线性近似，即认为在大信号输入情况下，晶体管在放大区的集电极电流与基极电压近似线性关系。设大信号平均跨导为 g_m，则有

$$i_c = g_m(v_{be} - V_{be(on)}) \tag{3-2-1}$$

由于高频功率放大器的负载是 LC 谐振回路，它具有滤波作用，在理想情况下，输出电压 v_o 始终为正弦波，$v_o = V_{cm} \cos \omega t$，不会出现由于晶体管饱和或截止引起的输出电压削顶现象。这一点与电阻负载情况下的低频放大器完全不同。根据图 3-2-1 可以列出输入与输出回路的方程：

$$\begin{cases} v_{ce} = V_{CC} - v_o = V_{CC} - V_{cm} \cos \omega t \\ v_{be} = -V_{BB} + v_i = -V_{BB} + V_{bm} \cos \omega t \end{cases} \tag{3-2-2}$$

其中，$v_o = i_c r_e$，r_e 为带负载的 LC 谐振回路的等效电阻。

联立式（3-2-1）和（3-2-2），当 $\omega t = \theta$，$i_c = 0$ 时，得到

$$\begin{cases} i_c = -g_m \dfrac{V_{bm}}{V_{cm}} \left[v_{ce} - \left(V_{CC} - \dfrac{V_{BB} + V_{be(on)}}{V_{bm}/V_{cm}} \right) \right] \\ \cos \theta = \dfrac{V_{BB} + V_{be(on)}}{V_{bm}} \end{cases} \tag{3-2-3}$$

观察上面的函数，由于 $V_{be(on)}$ 由晶体管特性确定，输入回路 V_{BB}、V_{bm} 不变，则导通角 θ 不发生改变。另外，$i_c = f(v_{ce})$ 是一个线性函数。在图 3-2-3 中表示斜率为 $-g_m \dfrac{V_{bm}}{V_{cm}} = -\dfrac{I_{cm}}{V_{cm}}$，水平截距为 $\left(V_{CC} - \dfrac{V_{BB} + V_{be(on)}}{V_{bm}/V_{cm}} \right)$ 的直线，此时晶体管的输出特性用折线近似。

注意，上面分析动态负载线的过程中，式（3-2-1）是一个关键的近似过程，它表示晶

体管在放大区的集电极电流与基极电压近似满足线性关系。在此假设条件下，才有图 3-2-3 中的动态负载线为直线。此动态负载线也只能应用于晶体管的放大区，进入饱和区后的动态负载线将在下面讨论。

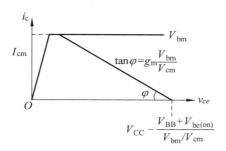

图 3-2-3 高频功率放大器的动态负载线

3.2.1 输入信号幅度 V_{bm} 对高频功放工作状态的影响

工作在 C 类的功放，尽管输入电压 v_{be} 是一个完整的余弦波，但是只有当输入幅度大到一定程度，晶体管才进入导通状态。一旦进入导通状态，随着输入电压 v_{be} 的幅度增加，晶体管的动态工作点沿着动态负载线上升，输出电流开始增加。动特性曲线上的 A 点处，晶体管工作在放大区，输出电流为尖顶余弦脉冲，此工作状态被称为欠压状态。若输入电压 v_{be} 的峰值较大，使得在最大输入电压时晶体管进入临界饱和，如图 3-2-4 中 B 点，则晶体管可以最大限度地利用放大区进行工作。此时输出电流为尖顶余弦脉冲，且达到最大，此工作状态被称为临界状态。若输入电压 v_{be} 的峰值进一步增大，在最大输入电压时，晶体管进入饱和，如图 3-2-4 中 V_{bm3}，则情况开始发生变化。由于高频功放采用的 LC 谐振回路作为负载，即使进入饱和区，晶体管输出电压幅度 V_{cm} 也会继续上升。但是不管怎样，晶体管的动态工作点还必须满足晶体管输出特性的限制。由于此时晶体管进入饱和，V_{bm} 对应的集电极电流输出特性曲线下降，因此进入饱和区后动态负载线出现转折，如图中 BC 段，集电极电流在达到最大值后反而减小，顶部出现凹陷。此工作状态爱称为过压状态。

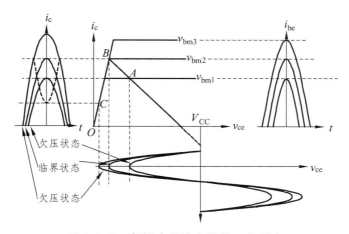

图 3-2-4 高频功率放大器的工作状态

综上所述，当改变输入激励信号的幅度 V_{bm} 时，放大器的输出变化如下。

输入电压幅度 V_{bm} 较小时，功放工作在欠压状态。随着 V_{bm} 的继续增大，功放可以到达临界状态。V_{bm} 再继续增大，功放进入过压状态，由于晶体管饱和，输出电压的增加趋势变缓，输出电流则由于出现顶部凹陷，导致基波电流分量也趋于不变，此时输出功率仍随着输入信号增加而有所增加，但增加的速度大幅下降，或者说输出功率趋于不变。上述总的变化趋势如图 3-2-5 所示，该图表示了输出功率以及输出电压、电流随输入幅度变化的情况，因此称为放大器的放大特性。当 C 类放大器工作到过压状态后，由于输出功率几乎不变而输入继续增加，其功率增益下降。而在欠压状态则输出功率较低。所以，比较理想的工作状态应该在临界状态附近。

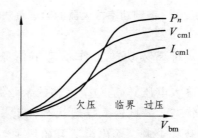

图 3-2-5　高频功率放大器的放大特性

3.2.2　集电极等效负载电阻 r_{eq} 对高频功放工作状态的影响

由图 3-2-3 可得，动态负载线与晶体管输出特性横坐标轴的斜率为

$$\tan\varphi = g_m \frac{V_{bm}}{V_{cm}} = \frac{I_{cm}}{V_{cm}} \qquad (3\text{-}2\text{-}4)$$

由于 $V_{cm} = I_{cm}\alpha_1(\theta)r_{eq}$，则

$$\tan\varphi = \frac{1}{\alpha_1(\theta)r_{eq}} \qquad (3\text{-}2\text{-}4)$$

若近似认为改变 r_{eq} 时导通角不变，即 $\alpha_1(\theta)$ 不变，则斜率与 r_{eq} 成反比。等效负载阻抗变化后的动态负载线变化情况如图 3-2-6 所示。

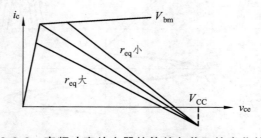

图 3-2-6　高频功率放大器的等效负载阻抗变化情况

当其他参数不变时，等效负载阻抗变小，工作状态向欠压状态移动；负载阻抗变大，工作状态向过压状态移动。工作状态向欠压状态移动时，集电极输出电压的峰值迅速变小，但是集电极电流的变化很小，近似恒流源，输出功率则迅速减小。工作状态向过压状态移动时，集电极输出电压的峰值变化很小，近似恒压源，但是集电极电流变小并出现顶部凹陷，导致其中基频成分变小，输出功率也迅速变小。

所以，无论等效负载阻抗如何变化，只有工作状态在临界状态才具有最高的输出功率。由于负载变化并不改变输入功率，因此只有在临界状态附近集电极效率最高。图 3-2-7 是负载变化引起的上述各种影响的示意图。

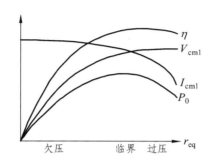

图 3-2-7　高频功率放大器的负载特性

3.2.3　集电极电压 V_{CC} 对高频功放工作状态的影响

根据式（3-2-3），集电极电压 V_{CC} 只影响动态负载线的横截距，所以集电极电压变化引起放大器工作状态的变化可以用图 3-2-8 来分析。

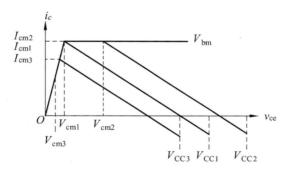

图 3-2-8　集电极电压变化对高频功率放大器的影响

图 3-2-8 中，V_{CC1} 使得放大器工作在临界状态；当集电极电压升高到 V_{CC2}，放大器工作在欠压状态。在此变化过程中，集电极电流变化很小。由于动态负载线的斜率不变，只是横向移动了一段距离，输出电压峰值 $V_{om} = V_{CC2} - V_{cm2}$ 不变。或者直观理解，由于电流不变和负载阻抗不变，故输出电压不变。进入欠压状态后，集电极电压变化引起的输出功率变化很小，但是集电极电压升高后引起直流功率增加，因此集电极效率下降。当集电极电压降到 V_{CC3} 时，放大器工作在过压状态，集电极电流变小，并且出现中央凹陷，这使得其

中的基频成分电流更小。所以，进入过压状态后，放大器的输出功率受到集电极电压的严重影响，即通过改变集电极电压可以改变输出功率。集电极电压升高，则输出功率上升；反之则输出功率下降。这种通过改变一个参数影响另一个参数的过程称为 C 类放大器的集电极调制。集电极调制必须让 C 类放大器工作在过压状态才能实现。

3.2.4 基极电压 V_{BB} 对高频功放工作状态的影响

根据 $v_{be} = -V_{BB} + v_i$，V_{BB} 的变化会导致基极电压峰值的改变。根据式（3-2-3），V_{BB} 的变化会引起动态负载线截距的变化。图 3-2-9 显示了这两个变化。

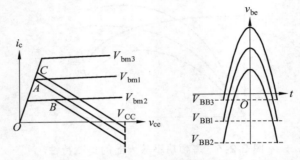

图 3-2-9　基极偏置电压变化对高频功率放大器的影响

图中，V_{BB1} 是使得放大器工作在临界状态的偏置电压。当 V_{BB} 的绝对值由 V_{BB1} 增到 V_{BB2} 时，基极输入电压峰值从 V_{bm1} 下降到 V_{bm2}，而动态负载线从 A 转移到 B，即从临界状态变换到欠压状态，结果输出电压峰值下降、输出电流峰值下降，最终导致输出功率下降。当 V_{BB} 的绝对值由 V_{BB1} 减少到 V_{BB3} 时，基极输入电压峰值又从 V_{bm1} 上升到 V_{bm3}，而动态负载线从 A 移动到 C。结果从临界工作状态变到过压状态。由于晶体管饱和，输出电压峰值虽然略有上升但幅度有限，输出电流峰值则出现中央凹陷。因此，输出功率出现很有限的上升。综上所述，在过压状态，基极偏置电压 V_{BB} 的变化几乎不会引起输出变化。但是在欠压状态，基极偏置电压 V_{BB} 的变化可以引起输出功率的变化，这种现象称为基极调制。

处于临界状态的 C 类功放具有输出功率大、集电极效率高等一系列优点，所以大多数 C 类功放工作在临界状态或者接近临界的弱过压状态。

3.3　高频功率放大器的直流馈电电路

高频功放的直流馈电电路包括集电极馈电电路和基极馈电电路。它应保证在集电极和基极回路使放大器正常工作所必需的电压电流关系，以及在回路中集电极电流的直流和基波分量的各自正常的通路，并且要求高频信号不要流过直流源，以减少不必要的高频功率的损耗。为了达到上述目的，需要设置一些旁路电容和阻止高频电流的扼流圈。在短波范围，旁路电容一般为 0.01 ~ 0.1 uF，扼流圈一般为 10 ~ 1 000 uH。

3.3.1 集电极馈电回路

集电极馈电线路有两种形式：串联馈电线路和并联馈电线路。串馈是由电子器件、负载回路和直流电源 3 部分是串联起来的。所谓并馈，就是将这 3 部分并联起来。

图 3-3-1 所示为这两种馈电形式。图中，LC 是负载回路；L'是高频扼流圈，它对直流是短路的，但对高频则呈现很大的阻抗，可以认为是开路的，以阻止高频电流通过公用电源内阻产生高频能量损耗，特别是避免在各级之间由此产生的寄生耦合；C'是高频旁路电容；C''是隔直电容，它们对高频应呈现很小的阻抗，相当于短路。注意直流电源的一端必须接地，因为电源 V_{CC} 与地之间有一定的杂散电容，而且比较大，如果不接地，这些杂散电容将与负载回路并联成为回路电容的一部分，它不但限制了电路所能工作的最高频率，而且由于杂散电容的不稳定，会引起电路的不稳定。所谓串馈或并馈，仅仅是指电路的结构形式而言。对于电压来说，无论是串馈或者并馈，直流电压与交流电压总是串联的。

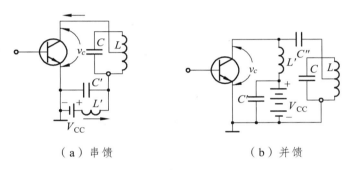

（a）串馈　　　　　　　　　（b）并馈

图 3-3-1　集电极电路的两种馈电形式

3.3.2 基极馈电回路

对于基极电路来说，同样有串馈与并馈两种形式。图 3-3-2 显示了基极电路的两种馈电形式。

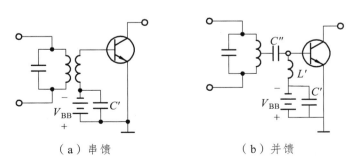

（a）串馈　　　　　　　　　（b）并馈

图 3-3-2　基极电路的两种馈电形式

图中，L' 是高频扼流圈；C' 是高频旁路电容；C'' 是隔直电容。在实际电路中，工作频率较低或工作频带较宽的功率放大器往往采用互感耦合，可以采用图 3-3-2（a）中馈电电路形式。对于甚高频段的功率放大器，由于采用电容耦合比较方便，所以几乎都采用图 3-3-2（b）中馈电电路形式。

上述馈电原理介绍时，偏置电压 V_{BB} 都是用电池的形式来表示。实际上，V_{BB} 单独用电池供电是不方便的，因而常采用以下的方法来产生 V_{BB}（见图 3-3-3）。

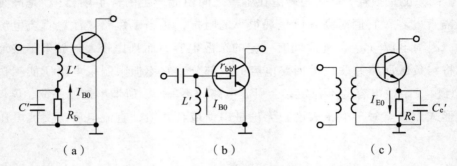

图 3-3-3　几种常用的产生基极偏压的方法

（1）利用基极电流的直流分量 I_{B0} 在基极偏置电阻 R_b 上产生所需要的偏置电压 V_{BB}，如图 3-3-3（a）所示。

（2）利用基极电流在基极扩散电阻 $r_{bb'}$ 上产生所需要的 V_{BB}，如图 3-3-3（b）所示。由于电流较小，因此所得到的 V_{BB} 也很小，且不够稳定。因而一般只在需要小的 V_{BB} 时，才采用这种思路。

（3）利用发射极电流的直流分量 I_{E0} 在发射极偏置电阻 R_e 上产生所需的 V_{BB}，如图 3-3-3（c）所示。这种自给偏置的优点是能够自动维持放大器的工作稳定。

思考题与习题

（1）简要说明高频 C 类功放采用谐振回路作为负载的理由。

（2）C 类功率放大电路的欠压、临界、过压状态是如何区分的？各有什么主要特点？

（3）已知高频 C 类功率放大电路工作在欠压状态，现欲将它调整到临界状态，可以通过改变哪些外界因素来实现？变化方向如何？调整过程中集电极基频输出功率 P_1 如何变化？集电极平均电流 I_{c0} 如何变化？

（4）高频功率放大器输出回路如图 3-4-1 所示。测得 $f_0 = 1\ \text{MHz}$，$P_A = 1.2\ \text{W}$，$I_{c0} = 95\ \text{mA}$，$I_A = 190\ \text{mA}$，$L_1 = L_2 = L_3 = 2\ \mu\text{H}$，$M = 1\ \mu\text{H}$，$V_{cc} = 18\ \text{V}$，$L_1$、$L_2$ 及 L_3 空载 Q 值相同，均为 100。试求：① 中介回路传输效率 η_k；② 晶体管集电极输出功率 P_1；③ 集电极回路谐振电阻 R_p；④ 晶体管集电极效率 η_c。

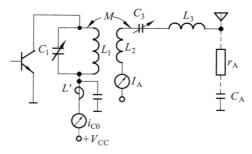

图 3-4-1

（5）图 3-4-2 是一个有错误的两级高频功率放大器，请指出错误在何处？并注明两级高频功率放大器基极、集电极馈电线路各属于什么样的馈电形式？

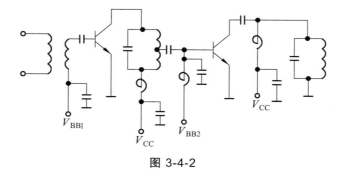

图 3-4-2

第4章　正弦波振荡器

正弦波振荡器是通信系统中不可或缺的部件，如发射机中正弦波振荡器提供指定频率的载波信号，在接收机中提供混频所需要的本地振荡信号或提供解调所需要的恢复载波信号等。另外，在自动控制及电子测量等其他领域，振荡器也有着广泛的应用。从能量转换的角度来说，振荡器和放大器二者都是能量转换器。所不同的是，振荡器不需要外加激励信号，自身就能将直流电能转换成交流电能；而放大器只有在输入信号的激励下，才能将直流电能转换为交流电能。

本章首先介绍振荡器的起振条件和平衡条件等，接着介绍在高频电路中比较普遍的 LC 振荡器、石英晶体振荡器及其应用电路。

4.1　LC 振荡器原理

一个振荡器必须由以下几个部分构成：能量存储与转换的元件，提供补充能量的能量来源，控制能量补充的控制元件。图 4-1-1 所示为 LC 振荡器中常见的互感耦合型 LC 振荡器，其中 L 和 C 是能量存储与转换的元件，电源 V_{CC} 负责提供补充能量，而晶体管及其外围电路则负责控制能量的补充过程。在这一类振荡器电路中，关键的问题是能量补充过程的适时性，只有在合适的时刻补充能量，能量的转换过程才能够持续。

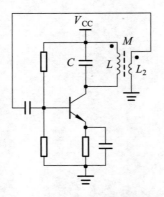

图 4-1-1　互感耦合型 LC 振荡器

图 4-1-1 电路中存在正反馈，当电路中的电感 L 的电流开始向下流，根据电磁感应关系，L_2 中的电流此时应该从标有同名端符号的一端流出，即电流指向晶体管基极方向。此

电流驱动晶体管趋于导通，所以集电极电流增加，电源 V_{cc} 开始向 LC 回路注入电流。此电流很适时地加强了流过电感的电流，从而使 LC 回路中的能量得到补充。所以，真正补充能量的是电源而不是正反馈。正反馈不是用来补充能量的，而是控制补充能量的时机的。这种由正反馈构成补充能量控制过程的振荡器称为反馈振荡器，其可以看成由放大器和反馈网络构成。放大器一般由晶体管组成，且常常工作在非线性状态，反馈网络常常由 LC 网络构成，具有滤波作用，并总可以认为是线性的。

4.1.1 反馈振荡器的起振条件

假设放大器的正向电压增益为 $G_v(j\omega)$，反馈网络的电压反馈系数为 $F(j\omega)$，定义环路电压增益 $T(j\omega) = G_v(j\omega)F(j\omega)$。振荡器的起振过程：由于上电过程中的瞬时电流及电路中存在的热噪声电流均包含极丰富的谐波成分，其中必然存在符合正反馈条件的频率成分，这些频率成分能够形成正反馈。若在起振过程中环路电压增益 $T(j\omega)$ 大于 1，则谐振频率的信号将不断增强，最终形成振荡。所以，反馈振荡器的起振条件为

$$|T(j\omega)| = G_v(j\omega)F(j\omega) > 1 \qquad (4\text{-}1\text{-}1)$$

由于开始起振时信号幅度极小，振荡电路中晶体管一定工作在 A 类状态，忽略晶体管输出导纳影响，此时放大器的电压增益

$$G_v(j\omega) = -\frac{y_{fe}v_i}{v_i}Z_{L(CE)} = -y_{fe}Z_{L(CE)} = -y_{fe}R_{L(CE)} \qquad (4\text{-}1\text{-}2)$$

对比高频小信号谐振放大器电压增益公式，由于忽略了晶体管输出导纳的影响，即认为输出阻抗无穷大，公式才化简如此形式。$Z_{L(CE)}$ 为 LC 谐振回路阻抗，回路谐振时呈现电阻 $R_{L(CE)}$。若晶体管工作于 C 类状态，输出的电流中的基波分量才是有效输出，此时

$$G_v(j\omega) = -\frac{y_{fe}v_i \cdot \alpha_1(\theta)}{v_i}Z_{L(CE)} = -y_{fe}\alpha_1(\theta) \cdot Z_{L(CE)} = -\overline{y_{fe}}R_{L(CE)} \qquad (4\text{-}1\text{-}3)$$

$\overline{y_{fe}}$ 称为晶体管平均正向传输导纳。有些参考书中，$\overline{y_{fe}}$ 位置直接写成了 y_{fe}，需要区分晶体管工作状态。

4.1.2 反馈振荡器的平衡条件和稳定条件

随着振荡幅度的增加，晶体管的输入输出幅度也逐渐增加。当幅度超过晶体管的线性动态范围以后，晶体管输出电流的正负半周波形将出现不对称。由于对振荡有贡献的只有放大器电压增益中的基频成分，而基频成分在不对称波形中占的比例将减小，因此通常情况下这时有效的电压增益将开始减小。

如果振荡幅度进一步增大，则在输出电流的负半周，晶体管将进入截止状态，即放大器进入 C 类放大状态，其导通角将随着振荡幅度的加大而减小，此时放大器的非线性十分

强烈，其电压增益完全不能用线性跨导计算。在 C 类放大状态，当晶体管导通角小于 90° 后，其输出电流中的基频分量将迅速减小，此时放大器的有效电压增益将随振荡幅度的增加而迅速下降。振荡器在起振时是一个小信号放大系统，环路增益 $T(\mathrm{j}\omega) > 1$，但是随着振荡幅度的增加，其有效电压增益随之下降，而电路的反馈系数一般很少改变，所以环路增益 $T(\mathrm{j}\omega)$ 亦随之下降。

若环路增益 $T(\mathrm{j}\omega) = 1$，则输出维持不变。所以反馈振荡器的平衡条件为

$$\begin{cases} |T(\mathrm{j}\omega)| = 1 \\ \varphi_T = \angle T(\mathrm{j}\omega) = 2n\pi \end{cases} \tag{4-1-4}$$

以上条件分别称为反馈振荡器的幅度平衡条件和相位平衡条件。根据幅度平衡条件可以确定振荡器的输出幅度，根据相位平衡条件可以确定振荡器的振荡频率。

上述分析说明了反馈振荡器在起振时刻必须有较大的环路增益，才能使电路中微弱的噪声电流最终发展成振荡电流。而最后要达到稳定的振荡，又必须使环路增益减小到 1。所以要使反馈振荡器最终能够稳定，其环路增益必须是可变的。平衡可以分为稳定平衡和非稳定平衡两种。稳定平衡是指当平衡被某种外来因素破坏后，系统能够自动恢复平衡的状态。非稳定平衡是当平衡被破坏后就无法恢复的状态。

下面从幅度和相位两方面来讨论振荡器的稳定条件。

若振荡器的平衡被某种原因破坏，输出电压低于平衡电压，显然此时恢复平衡的条件是环路增益应该大于 1，从而使输出升高。反之，若输出电压高于平衡电压，则环路增益应该小于 1，使得输出下降。所以振荡器的振幅稳定条件应该是：在平衡点附近，环路增益随输出幅度的增加而减小，即在平衡点附近有

$$\left. \frac{\partial |T(\mathrm{j}\omega)|}{\partial v_{\mathrm{o}}} \right|_{v_{\mathrm{o}} = v_{\mathrm{B}}} < 0 \tag{4-1-5}$$

当反馈网络满足线性条件，级 F 为线性函数时，上式等效为

$$\left. \frac{\partial |G_v(\mathrm{j}\omega)|}{\partial v_{\mathrm{o}}} \right|_{v_{\mathrm{o}} = v_{\mathrm{B}}} < 0 \tag{4-1-6}$$

一般情况下，晶体管 LC 振荡器的环路增益随输出幅度的变化曲线如图 4-1-2 所示，这是一个单调下降的曲线，其中 v_{B} 表示平衡点的输出电压。

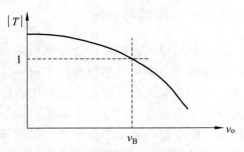

图 4-1-2　反馈振荡器的幅度稳定条件

若振荡器设计不当，如因反馈系数太小、静态工作点设置太低、晶体管在集电极电流很小时其放大系数下降等原因，环路增益随输出电压变化的规律可能出现图 4-1-3 情况。图中存在两个平衡点，其中 V_{B2} 是稳定的平衡点，V_{B1} 是非稳定的平衡点。这种情况下，起振时候环路增益小于 1，振荡器通常无法自动起振。若外界给一个激励，当振荡器的输出幅度超过第一个非稳定平衡点后，由于环路增益为正，振荡器的输出会越来越大，直至越过曲线顶点，最后在第二个稳定平衡点正常工作。

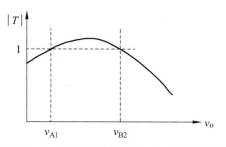

图 4-1-3　出现两个平衡点的反馈振荡器

下面讨论相位稳定问题。根据频率与相位关系 $\omega = \dfrac{\mathrm{d}\varphi}{\mathrm{d}t}$，所以讨论相位问题与讨论频率问题是一致的。在振荡器达到平衡条件的情况下，若由于某种原因使得相位平衡被破坏，使 φ_T 产生超前的增量，则通过反馈将使得输出信号周期缩短，也就是输出信号频率升高。相位稳定的要求应当是能够通过反馈环路的调整使得 φ_T 有落后的趋势，从而使输出信号恢复原来的频率。上述条件要求：当输出信号频率升高时，要求反馈环路的相位 φ_T 下降，反之亦然。所以振荡器的相位稳定条件为

$$\left.\frac{\partial \varphi_T(\mathrm{j}\omega)}{\partial \omega}\right|_{\omega=\omega_0} < 0 \qquad\qquad (4\text{-}1\text{-}7)$$

图 4-1-4 显示了反馈振荡器的相位稳定条件。该图形与 LC 谐振回路相频特性一致，所以，在 LC 振荡器中，LC 谐振回路是满足振荡器振荡频率稳定的重要因素。

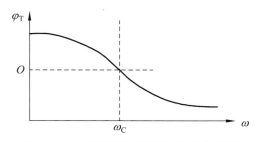

图 4-1-4　反馈振荡器的相位稳定条件

进一步讨论 LC 振荡器的相位稳定问题，根据环路增益公式 $T = G_v \cdot F = -Y_f Z_L \cdot F$，可以将相位写成如下

$$\varphi_T = \varphi(Y_f) + \varphi(Z_L) + \varphi(-F) = \varphi_Y + \varphi_L + \varphi_F \qquad\qquad (4\text{-}1\text{-}8)$$

相位稳定条件中的相位涉及晶体管转移导纳相位、谐振回路相位和反馈网络相位。进一步，相位稳定条件 $\varphi_T = 0$，可以写成

$$\varphi_L = -(\varphi_F + \varphi_Y) \qquad\qquad (4\text{-}1\text{-}9)$$

式（4-1-9）中的相位稳定条件可理解为左边的一个函数图像与右边的函数图像应该相交，交点对应谐振频率。晶体管前向导纳和反馈网络相移基本不变，故 $-(\varphi_F + \varphi_Y)$ 对应一个平行于坐标轴的横线，φ_L 是 LC 并联谐振回路相频曲线。图 4-1-5 是一个具有一定 Q 值的 LC 谐振回路的相频特性曲线，该曲线的中心频率为 ω_0。由于晶体管正向转移特性以及反馈系数总存在一定的相移，所以一般情况下，振荡器的振荡频率并不等于 LC 谐振回路的中心频率 ω_0。LC 并联谐振回路的相频特性有 $\dfrac{\mathrm{d}\varphi}{\mathrm{d}\omega}\bigg|_{\omega=\omega_0} = -\dfrac{2Q}{\omega_0}$，该斜率为负值满足相位稳定条件。在谐振点附近 LC 谐振回路的相频特性越陡，则振荡器的频率越稳定。所以，LC 回路的 Q 值越高，振荡器的频率就越稳定。若 LC 谐振回路的参数发生变化，引起其中心频率 ω_0 发生变化，则最终的振荡频率一定会发生变化。

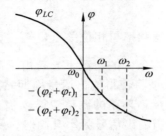

图 4-1-5 LC 振荡器的相位稳定问题

4.2 三点式 LC 振荡器

本节介绍三点式 LC 振荡器，即 LC 回路的 3 个端点与晶体管的 3 个电极分别连接而成的电路。如图 4-2-1 所示，除了晶体管外还有三个电抗元件 X_1、X_2、X_3，它们构成了决定振荡频率的并联型谐振回路，同时也构成了正反馈所需的反馈网络，为此，三者必须满足一定的关系。

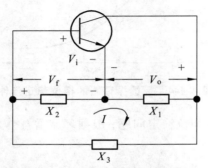

图 4-2-1 三点式振荡器的组成

根据谐振回路的性质，在回路谐振时回路应呈现纯阻性，因而有

$$X_1 + X_2 + X_3 = 0 \qquad\qquad (4\text{-}2\text{-}1)$$

所以电路中 3 个电抗元件不能同时为感抗或者容抗，必须由两种不同性质的电抗元件组成。不考虑晶体管参数（如输入电阻、极间电容等）的影响，即 $\varphi_Y = 0$；并假设回路谐振，即 $\varphi_L = 0$。根据相位平衡条件 $\varphi_F = 0$。即 $\varphi_F = \varphi(-F) = \varphi\left(-\dfrac{V_f}{V_o}\right) = 0$，即在图中的参考方向下，$V_o$ 与 $-V_f$ 同向，或者 V_o 与 V_f 反向。需要注意相位关系 $\varphi_F = \varphi(-F)$ 的符号。根据电流和电压关系，得到等式

$$\begin{cases} V_o = -\mathrm{j}X_1 \cdot I \\ V_f = \mathrm{j}X_2 \cdot I \end{cases} \qquad\qquad (4\text{-}2\text{-}2)$$

所以，电抗 X_1、X_2 是同性质的电抗元件。根据式（4.2-1）可知，X_3 性质与它们相反。综上所述，三点式振荡器能否振荡的原则：与晶体管发射极相连的两个电抗元件必须是同性质，而不与发射极相连的另一电抗与它们的性质相反，简单记为"射同余异"。考虑到场效应管与晶体管电极的对应关系，上述原则更改为"源同余异"。

4.2.1 电感反馈三点式振荡器

哈特莱振荡器（Hartley oscillator）的基本电路如图 4-2-2（a）所示。根据三点式振荡器的相位条件判断，其符合相位条件，振荡频率为

$$\omega_0 \approx \frac{1}{\sqrt{C(L_1 + L_2 + 2M)}} \qquad\qquad (4\text{-}2\text{-}3)$$

其中，M 为 L_1 和 L_2 的互感。若忽略互感，则振荡器的振荡频率 $\omega_0 \approx \dfrac{1}{\sqrt{C(L_1 + L_2)}}$。

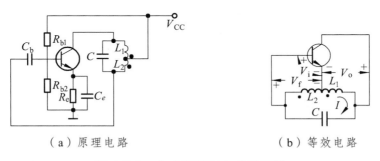

（a）原理电路　　　　　　　　　（b）等效电路

图 4-2-2　电感反馈三点式振荡器

电感反馈振荡器的优点：由于 L_1 与 L_2 之间有互感存在，所以容易起振。其次是改变回路电容来调整频率时，基本上不影响电路的反馈系数，比较方便。这种电路的缺点：与电容反馈振荡器电路相比，其振荡波形不够好。这是因为反馈支路为感性之路，对高次谐

波呈现高阻抗，故对于 LC 回路中的高次谐波反馈较强，波形失真较大；其次是当工作频率较高时，由于 L_1 和 L_2 上的分布电容和晶体管的极间电容均并联于 L_1 和 L_2 两端，这样，反馈系数 F 随频率变化而改变。工作频率越高，分布参数的影响也越严重，甚至可能使 F 减小到满足不了起振条件。因此，尽管这种电路的工作频率也能达到甚高频波段，但是在甚高频波段里，优先选用的还是电容反馈振荡器。

4.2.2 电容反馈三点式振荡器

考毕兹振荡器（Colpitts oscillator）的典型电路如图 4-2-3 所示。本电路与哈特莱式很相似，只是利用电容 C_1 和 C_2 作为分压器，代替了哈特莱式中的 L_1 和 L_2。这种电路满足产生振荡的相位条件。

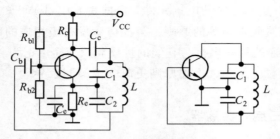

图 4-2-3　电容反馈三点式振荡器

与电感三端振荡电路相比，电容三端振荡器的优点：

（1）输出波形较好，这是因为集电极和基极电流可通过对谐波为低阻抗的电容支路回到发射极，所以高次谐波的反馈减弱，输出的谐波分量减小，波形更加接近于正弦波。

（2）该电路中的不稳定电容（分布电容、器件的结电容等）都是与该电路并联的，因此适当加大回路电容量，就可以减弱不稳定因素对振荡频率的影响，从而提高频率稳定度。

（3）当工作频率较高时，甚至可以只利用器件的输入和输出电容作为回路电容。

因此，本电路适用于较高的工作频率。该振荡器的振荡频率为

$$\omega_0 \approx \frac{1}{\sqrt{LC}} = \frac{1}{\sqrt{L(C_1C_2/(C_1+C_2))}} \tag{4-2-4}$$

这种电路的缺点是：调整 C_1 或者 C_2 来改变振荡频率时，反馈系数也将改变，影响了振荡器的振幅起振条件，故电容反馈振荡器一般工作于固定频率。

4.2.3 克拉泼振荡器

由于极间电容对电容反馈振荡器及电感反馈振荡器的回路电抗均有影响，从而对振荡频率也会有影响。而极间电容受环境温度、电源电压等因素的影响较大。所以，上述两种电路的频率稳定度不高。为了提高频率稳定度，需要改进电路以减少晶体管极间电容对回

路的影响，可以采用减弱晶体管与回路之间耦合的方法。因此，得到两种改进型电容反馈振荡器——克拉泼振荡器和西勒振荡器。

图 4-2-4 所示为克拉泼振荡器的实际电路和交流等效电路，它是用电感 L 和可变电容 C_3 的串联电路代替原电容反馈振荡器中的电感构成的，且 $C_3 \ll C_1$、C_2。只要 L 和 C_3 串联电路等效为一电感（在振荡频率上），该电路即满足三点式振荡器的组成原则，而且属于电容反馈振荡器。

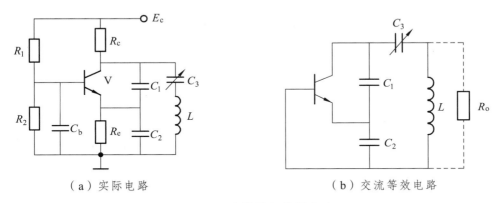

（a）实际电路　　　　　　　　　　　　（b）交流等效电路

图 4-2-4　克拉泼振荡器电路

由图 4-2-4 可知，回路的总电容

$$\frac{1}{C} = \frac{1}{C_1} + \frac{1}{C_2} + \frac{1}{C_3} \approx \frac{1}{C_3}, \quad C_3 \ll C_1, C_2 \tag{4-2-5}$$

可见，回路的总电容 C 将主要由 C_3 决定，而极间电容与 C_1、C_2 并联，所以极间电容对总电容的影响就很小；并且 C_1、C_2 只是回路的一部分，晶体管以部分接入的形式与回路相连，减弱了晶体管与回路之间的耦合。接入系数为

$$p = \frac{C}{C_1} \approx \frac{C_3}{C_1} \tag{4-2-6}$$

C_1、C_2 的取值越大，接入系数 p 越小，耦合越弱。因此，克拉泼振荡器的频率稳定度得到了提高。但 C_1、C_2 不能过大，假设电感两端的电阻为 R_0（即回路的谐振电阻），则其等效到晶体管 ce 两端的负载电阻 R_L 为

$$R_L = p^2 R_0 \approx \left(\frac{C_3}{C_1} \right)^2 R_0 \tag{4-2-7}$$

因此，C_1 过大，负载电阻 R_L 很小，放大器增益就较低，环路增益也就较小，有可能使振荡器停振。

振荡器的振荡频率为

$$\omega_0 \approx \frac{1}{\sqrt{LC}} \approx \frac{1}{\sqrt{LC_3}} \tag{4-2-8}$$

反馈系数的大小为

$$F = \frac{C_1}{C_2} \qquad\qquad (4\text{-}2\text{-}9)$$

克拉泼振荡器主要用于固定频率或波段范围较窄的场合。这是因为克拉泼振荡器频率的改变是通过调整 C_3 实现的，而 C_3 改变，接入系数就会改变，负载电阻 R_L 将随之改变，放大器的增益也将变化，调频率时有可能因环路增益不足而停振；另外，由于负载电阻 R_L 的变化，振荡器输出幅度也将变化，导致波段范围内输出振幅变化较大。克拉泼振荡器的频率覆盖系数（最高工作频率与最低工作频率之比）一般只有 1.2 ~ 1.3。

4.2.4 西勒振荡器

图 4-2-5 所示为西勒振荡器的实际电路和交流等效电路。它的主要特点是与电感 L 并联的可变电容 C_4。与克拉泼振荡器一样，图中 $C_3 \ll C_1$、C_2，因此晶体管与回路之间耦合较弱，频率稳定度高。与电感 L 并联的可变电容 C_4 用来改变振荡器的工作波段，而电容 C_3 起微调频率的作用。

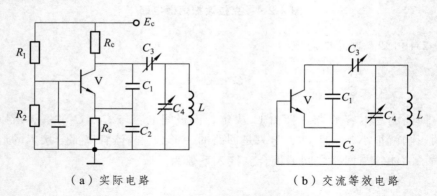

（a）实际电路 　　　　　　　　（b）交流等效电路

图 4-2-5　西勒振荡器电路

由图 4-2-5 可知，回路的总电容为

$$C = \frac{1}{\dfrac{1}{C_1} + \dfrac{1}{C_2} + \dfrac{1}{C_3}} + C_4 \approx C_3 + C_4 \qquad\qquad (4\text{-}2\text{-}10)$$

振荡器的振荡频率为

$$\omega_0 \approx \frac{1}{\sqrt{LC}} \approx \frac{1}{\sqrt{L(C_3 + C_4)}} \qquad\qquad (4\text{-}2\text{-}11)$$

由于改变频率主要是通过调整 C_4 完成的，C_4 的改变并不影响接入系数 p，对比两图可知，西勒振荡器和克拉泼振荡器的接入系数相同，所以波段内输出幅度较平稳。而且由式

（4-2-11）可见，C_4改变，频率变化较明显，故西勒振荡器的频率覆盖系数较大，可达 1.6 甚至 1.8。西勒振荡器适用于较宽波段工作，在实际应用中用得较多。

4.3　石英晶体振荡器

石英晶体振荡器是利用石英晶体谐振器作滤波元件构成的振荡器，其振荡频率由石英晶体谐振器决定。与 LC 谐振回路相比，石英晶体谐振器具有很高的标准性和极高的品质因素。因此，石英晶体谐振器具有较高的频率稳定度，采用高精度和稳频措施后，石英晶体振荡器可以达到 10^{-4} 甚至 10^{-9} 的频率稳定度。

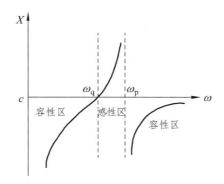

图 4-3-1　石英晶体谐振器的电抗曲线

图 4-3-1 所示为石英晶体谐振器的电抗曲线，在串、并联谐振频率之间很狭窄的工作频带内，它呈电感性。因而石英谐振器或者工作于感性区，或者工作于串联谐振频率上，决不能使用容性区。因为如果振荡器电路是设计在晶体呈现电容性时产生振荡，那么，由于晶体在静止时就是呈现电容性的，这就无法判断晶体是否已经在工作，从而就不能保证频率稳定。因此，根据晶体在振荡器线路中的作用原理，振荡电路可以分为两类：一类是把石英晶体作为等效电感元件使用，这类振荡器称为并联谐振型晶体振荡器；另一类是把石英晶体作为串联谐振元件使用，使它工作于串联谐振频率上，称为串联谐振型晶体振荡器。下面就分别介绍着两种振荡器电路。

4.3.1　并联谐振型晶体振荡器

这类晶体振荡器的振荡原理和一般反馈式 LC 振荡器相同，只是把晶体置于反馈网络的振荡回路之中，作为一个感性元件，并与其他回路元件一起按照三端电路的基本原则组成三端振荡器。根据这种原理，在理论上可以构成三种类型基本电路。但实际常用的只有图 4-3-2 所示的两种基本类型。

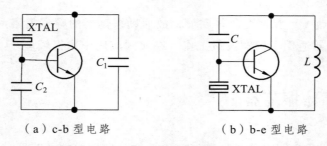

（a）c-b 型电路　　　　　　（b）b-e 型电路

图 4-3-2　并联谐振型晶体振荡器的两种基本形式

图 4-3-2（a）所示相当于电容三端振荡器。图（b）所示相当于电感三端振荡电路。从晶体连接在哪两个电极之间来看，前者称为 c-b 型电路（或称皮尔斯电路），后者称为 b-e 型电路（或称密勒电路）。

图 4-3-3（a）所示为一种实际的皮尔斯振荡器电路。可以看到，它与电容三端式振荡器的电路几乎完全一样，只是用石英谐振器 XTAL 代替了电感。振荡器的振荡频率取决于石英谐振器，电容 C_1、C_2 仅决定振荡器的反馈系数，几乎与振荡频率无关。

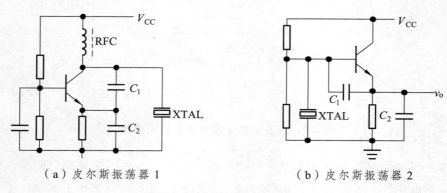

（a）皮尔斯振荡器 1　　　　　　（b）皮尔斯振荡器 2

图 4-3-3　皮尔斯振荡器

图 4-3-3（b）是另一种形式的皮尔斯振荡器实际电路。它将石英谐振器接地的一段改接到晶体管的基极，而晶体管集电极直接接电源。与图 4-3-3（a）电路相比，两种接法原理上一致，尽管图 4-3-3（b）电路中少了一个电感，但是实际上在高频电路中每级电路都需要电源退耦，所以实际电路并无多少差别。

图 4-3-4 所示为一种密勒振荡器的实际电路，其中 L、C_2 构成的并联谐振回路应该呈现感抗特性，所以它的谐振频率应该略高于振荡器的实际振荡频率。通常在这种电路中，L 和 C_2 两个元件中有一个是可以微调的，调整此元件的数值可以改变振荡器起振条件。另外，在振荡频率较高的时候，此电路有时还省略了电容 C_1，直接利用晶体管的 b-c 极间电容来满足振荡条件。与皮尔斯振荡器相比，密勒振荡器中的石英谐振器接在晶体管的基极与发射极之间，而皮尔斯振荡器中的石英谐振器接在晶体管的集电极与基极之间。由于晶体管集电极-基极阻抗较基极-发射极阻抗高很多，所以皮尔斯振荡器中的石英谐振器受晶体管的影响小于密勒振荡器，导致其频率的标准性和稳定度亦高于密勒振荡器。需要高稳定的晶体振荡器多采用皮尔斯振荡器形式。

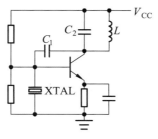

图 4-3-4　密勒振荡器

4.3.2　串联谐振型晶体振荡器

串联型石英晶体振荡器的电路及其原理如图 4-3-5 所示。这是一个电容三端式振荡器，在反馈支路中加入了石英晶体谐振器。由于只有满足石英谐振器串联谐振频率的信号才能有最大的反馈到晶体管的发射极，所以，振荡器的振荡频率必然是石英谐振器的串联谐振频率。

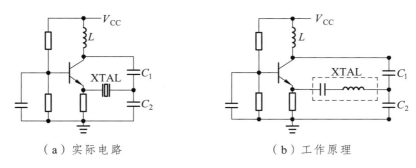

（ a ）实际电路　　　　　　　　　　（ b ）工作原理

图 4-3-5　串联型石英晶体振荡器

尽管图 4-3-5 电路的振荡频率取决于石英谐振器，但是其中的 L、C_1、C_2 谐振回路还是要求谐振在石英谐振器的串联谐振频率附近。若频率偏离太远则由于其 Q 值下降而极大影响输出幅度，甚至因不满足起振条件而停振。

思考题与习题

（1）如图 4-4-1 所示的 3 个谐振回路振荡器的等效电路，如果电路参数之间的关系式为

① $L_1C_1 > L_2C_2 > L_3C_3$；　② $L_1C_1 < L_2C_2 < L_3C_3$；

③ $L_1C_1 < L_2C_2 = L_3C_3$；　④ $L_2C_2 < L_3C_3 < L_1C_1$。

试问：哪几种情况可能振荡？属于何种类型振荡电路？其振荡频率与各回路的固有谐振频率之间有什么关系？

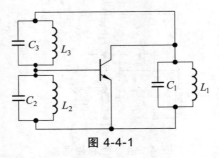

图 4-4-1

（2）某一克拉波振荡器电路如图 4-4-2 所示。已知：$C_1 = C_2 = 1\,000\ \text{pF}$，$L_3 = 50\ \mu\text{H}$，$C_3$ 为 $68 \sim 125\ \text{pF}$ 的可变电容器。试求振荡器波段范围。

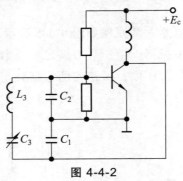

图 4-4-2

（3）在图 4-4-3 所示电路中，标有符号的元件与振荡回路有关，其余元件除晶体管外均为偏置与耦合电路。试问哪些电路可能产生高频振荡？哪些不可能振荡？请说明理由，并以最小的改动使不能振荡的电路能够振荡。

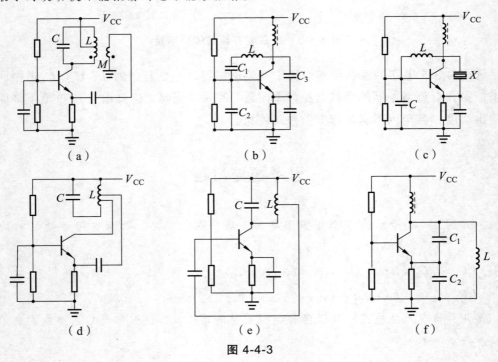

图 4-4-3

（4）在图 4-4-4 所示的电容式三点振荡器中，已知 $L = 1.5\ \mu H$，$C_1 = 91\ pF$，$C_2 = 1\,500\ pF$，$Q_0 = 100$，$R_E = 700\ \Omega$。R_B 和 C_B、C_C 足够大。晶体管的 $\beta = 80$，$C_{be} = 120\ pF$，C_{bc} 很小可以忽略。负载电阻 $R_L = 1\ k\Omega$。试估算 I_{CQ} 大于何值时振荡器才能够起振？起振后的振荡频率多少？

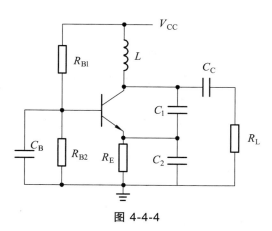

图 4-4-4

第 5 章　频谱的线性搬移电路

在通信系统中，频谱搬移电路是最基本的单元电路。振幅调制与解调、频率调制与解调、相位调制与解调、混频等电路，都属于频谱搬移电路。它们的共同特点是将输入信号进行频谱变换，以获得具有所需频谱的输出信号。

本章首先介绍非线性电路的分析方法，接着介绍了典型的频谱线性搬移电路及其应用。

5.1　非线性电路分析方法

在频谱的搬移电路中，输出信号的频率分量与输入信号的频率分量不尽相同，会产生新的频率分量。由于线性电路并不产生新的频率分量，只有非线性电路才会产生新的频率分量，要产生新的频率分量，必须用非线性电路。大多数非线性电路中的非线性器件的伏安特性，均可用幂级数、超越函数和多段折线三类函数逼近。在分析方法上，主要采用幂级数展开方法，以及在此基础上和一定的条件下，将非线性电路等效为线性时变电路的线性时变电路分析法。

5.1.1　非线性函数的级数展开分析法

非线性器件的伏安特性可以用下面的非线性函数来表示。

$$i = f(u) \tag{5-1-1}$$

式中，u 为加在非线性器件上的电压。一般情况下，其中，U_Q 为静态工作点，u_1 和 u_2 为两个输入电压。用泰勒级数将式（5-1-1）在 U_Q 处展开，可得

$$i = a_0 + a_0(u_1 + u_2) + a_0(u_1 + u_2) + \cdots + a_n(u_1 + u_2)^n + \cdots$$
$$= \sum_{n=0}^{\infty} a_n(u_1 + u_2)^n \tag{5-1-2}$$

式中，$a_n(n = 0, 1, 2, \cdots)$ 为各次方项的系数，由下式确定

$$a_n = \frac{1}{n!} \frac{d^n f(u)}{du^n} \bigg|_{u=U_Q} = \frac{1}{n!} f^{(n)}(U_Q) \tag{5-1-3}$$

先来分析一种最简单的情况，令 $u_2 = 0$，即只有一个输入信号，且令 $u_1 = U_1 \cos \omega_1 t$，代入式（5-1-2），有

$$i = \sum_{n=0}^{\infty} a_n u_1^n = \sum_{n=0}^{\infty} a_n U_1^n \cos^n(\omega_1 t) \qquad (5\text{-}1\text{-}4)$$

进一步利用三角公式，将式（5-1-4）最终写成

$$i = \sum_{n=0}^{\infty} b_n U_1^n \cos(n\omega_1 t) \qquad (5\text{-}1\text{-}5)$$

式中，b_n 为 a_n 和 $\cos^n(\omega_1 t)$ 的分解系数的乘积。由式（5-1-5）可以看出，当单一频率信号作用于非线性器件时，在输出电流中不仅包含了输入信号的频率分量 ω_1，而且还包含了该频率分量的各次谐波分量 $n\omega_1(n = 2,3,\cdots)$，这些谱分量就是非线性器件产生的新的频率分量。在放大器中，由于工作点选择不当，工作到了非线性区，或输入信号的幅度超过了放大器的动态范围，就会产生这种非线性失真。当然，这种电路可以用作倍频电路，在输出端增加一窄带滤波器，就可根据需要获得输入信号频率的倍频信号。

若作用在非线性器件上的两个电压均为余弦信号，即 $u_1 = U_1 \cos\omega_1 t$，$u_2 = U_2 \cos\omega_2 t$，利用三角函数公式可得

$$i = \sum_{p=-\infty}^{\infty} \sum_{q=-\infty}^{\infty} C_{p,q} \cos(p\omega_1 + q\omega_2)t \qquad (5\text{-}1\text{-}6)$$

由上式不难看出，i 中包含由下列通式表示的无限多个频率组合分量

$$\omega_{p,q} = \left| \pm p\omega_1 \pm q\omega_2 \right| \qquad (5\text{-}1\text{-}7)$$

式中，p 和 q 是包含零在内的整数，即 p、$q = 0,1,2\cdots$，把 $p+q$ 称为组合分量的阶数。其中，$p = 1$，$q = 1$ 的频率分量是由二次项产生的。在大多数情况下，其他分量是不需要的。这些频率分量产生的规律是：凡是 $p+q$ 为偶数的组合分量，均由幂级数中 n 为偶数且大于等于 $p+q$ 的各次方项产生的；凡是 $p+q$ 为奇数的组合分量均由幂级数中 n 为奇数且大于等于 $p+q$ 的各次方项产生的。当 U_1 和 U_2 幅度较小时，它们的强度都将随着 $p+q$ 的增大而减小。

大多数频谱搬移电路必须具有选频功能，以滤除不必要的频率分量，减少输出信号的失真。大多数频谱搬移电路所需的是非线性函数展开式中的平方项，或者说，是两个输入信号的乘积项。因此，在实际中如何实现接近理想的乘法运算，减少无用的组合频率分量的数目和强度，就成为人们追求的目标。一般可以从以下三方面考虑。

（1）从非线性器件的特性考虑。例如，选用具有平方率特性的场效应管作为非线性器件；选择合适的静态工作点电压 U_Q，使非线性器件工作在特性接近平方律的区域。

（2）从电路结构考虑。例如，采用由多个非线性器件组成的平衡电路，抵消一部分无用组合频率分量。

（3）从输入信号的大小考虑。例如，减小 u_1 和 u_2 的振幅，以便有效地减小高阶相乘项及其产生的组合频率分量的强度。

5.1.2　线性时变电路分析法

对式（5-1-1）在 $U_Q + u_2$ 上对 u_1 用泰勒级数展开，有

$$i = f(U_Q + u_1 + u_2)$$

$$= f(U_Q + u_2) + f'(U_Q + u_2)u_1 + \frac{1}{2!}f''(U_Q + u_2)u_1^2 \cdots + \frac{1}{n!}f^{(n)}(U_Q + u_2)u_1^n + \cdots \quad (5\text{-}1\text{-}8)$$

若 u_1 足够小，可以忽略上式中 u_1 的二次方及其以上各次方项，则该式化简为

$$i \approx f(U_Q + u_2) + f'(U_Q + u_2)u_1 \qquad\qquad (5\text{-}1\text{-}9)$$

式中，$f(U_Q + u_2)$ 和 $f'(U_Q + u_2)$ 是在 u_1 的展开式中与 u_1 无关的系数，但是它们都随 u_2 变化，即随时间变化，因此，称为时变系数，或称为时变参量。其中，$f(U_Q + u_2)$ 是当输入信号 $u_1 = 0$ 时的电流，称为时变静态电流或时变工作点电流（与静态工作点电流相对应），用 $I_0(t)$ 表示；$f'(U_Q + u_2)$ 是增量电导在 $u_1 = 0$ 时的数值，称为时变增益或时变电导、时变跨导，用 $g(t)$ 表示。与上式相对应，可得时变偏置电压 $U_Q + u_2$，用 $U_Q(t)$ 表示。式（5-1-9）可表示为

$$i \approx I_0(t) + g(t)u_1 \qquad\qquad (5\text{-}1\text{-}10)$$

由式（5-1-10）可得，非线性器件的输出电流 i 与输入电压 u_1 的关系是线性的，类似于线性器件；但是它们的系数却是时变的。因此，将式（5-1-10）所描述的工作状态称为线性时变工作状态，具有这种关系的电路称为线性时变电路。

考虑 u_1 和 u_2 都是余弦信号，$u_1 = U_1 \cos\omega_1 t$，$u_2 = U_2 \cos\omega_2 t$ 时，变偏置电压 $U_Q(t) = U_Q + U_2 \cos\omega_2 t$，为一周期性函数。故 $I_0(t)$、$g(t)$ 也必为周期性函数，可用傅立叶级数展开得

$$I_0(t) = f(U_Q + U_2 \cos\omega_2 t) = I_{00} + I_{01}\cos\omega_2 t + I_{02}\cos2\omega_2 t + \cdots \quad (5\text{-}1\text{-}11)$$

$$g(t) = f'(U_Q + U_2 \cos\omega_2 t) = g_0 + g_1\cos\omega_2 t + g_2\cos2\omega_2 t + \cdots \quad (5\text{-}1\text{-}12)$$

因此，线性时变电路的输出信号的频率分量仅有非线性器件产生的频率分量式（5-1-6）中 p 为 0 和 1，q 为任意数的组合分量，去除了 q 为任意数，p 大于 1 的众多组合频率分量。其频率分量为

$$\begin{cases} \omega = q\omega_2 \\ \omega = |q\omega_2 \pm \omega_1| \end{cases} \qquad\qquad (5\text{-}1\text{-}13)$$

即 ω_2 的各次谐波分量及其与 ω_1 的组合分量。

虽然线性时变电路相对于非线性电路输出中的组合频率分量大大减少，但二者的实质是一致的。线性时变电路是在一定条件下由非线性电路演变而来的，其产生的频率分量与非线性器件产生的频率分量是完全相同的。只不过是选择线性时变工作状态后，由于那些分量 $(\omega_{p,q} = |\pm p\omega_1 \pm q\omega_2|, p \neq 0,1)$ 的幅度相对于低阶分量 $(\omega_{p,q} = |\pm p\omega_1 \pm q\omega_2|, p = 0,1)$ 的幅度要小得多，因而被忽略，这在工程中是完全合理的。线性时变电路大大减少了组合频率分量，滤除了不必要的频率分量。注意线性时变电路并非线性电路，线性电路不会产生新的频率分量，不能完成频谱的搬移功能。线性时变电路的本质还是非线性电路，是非线性电路在一定条件下的近似结果。线性时变电路分析方法大大简化了非线性电路的分析。因此，大多数频谱搬移电路都工作于线性时变工作状态，这样有利于系统性能指标的提高。

5.2　二极管电路

二极管电路广泛用于通信设备中，特别是平衡电路和环形电路。它们具有电路简单、噪声低、组合频率分量少、工作频带宽等优点。

5.2.1　单二极管电路

单二极管电路的原理电路如图 5-2-1 所示，输入信号 u_1 和控制信号 u_2（参考信号）相加作用在非线性器件二极管上。由于二极管伏安特性为非线性的频率变换作用，在流过二极管的电流中会产生各种组合分量，用传输函数为 $H(j\omega)$ 的滤波器取出所需的频率分量，就可完成某一频谱的线性搬移功能。下面分析单二极管电路的频谱线性搬移功能。

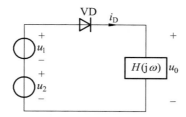

图 5-2-1　单二极管电路

设二极管电路工作在大信号状态。所谓大信号，是指输入的信号电压振幅大于 0.5 V。u_1 为输入信号或要处理的信号；u_2 是参考信号，为一余弦波，$u_2 = U_2 \cos \omega_2 t$，其振幅 u_2 远比 u_1 的振幅大，即 $u_2 \gg u_1$，且有 $u_2 > 0.5$ V。忽略输出电压 u_0 对回路的反作用，这样，加在二极管两端的电压 u_D 为

$$u_D = u_1 + u_2 \qquad\qquad （5-2-1）$$

由于二极管工作在大信号状态，主要工作于截止区和导通区，因此可将二极管的伏安特性用折线近似，如图 5-2-2 所示。由此可见，当二极管两端的电压 u_D 大于二极管的导通电压 U_p 时，二极管导通，流过二极管的电流 i_D 与加在二极管两端的电压 u_D 成正比；当二极管两端电压 u_D 小于导通电压 u_p 时，二极管截止，$i_D = 0$。这样，二极管可等效为一个受控开关，控制电压就是 u_D。

$$i_D = \begin{cases} g_D u_D, & u_D \geqslant U_p \\ 0, & u_D < U_p \end{cases} \qquad\qquad （5-2-2）$$

（a）　　　　　　　　　　（b）

（c）　　　　　　　　　　　　　（d）

图 5-2-2　二极管伏安特性的折线近似

由于 $U_2 \gg U_1$，而 $u_D = u_1 + u_2$，可进一步认为二极管的通断主要由 u_2 控制，可得

$$i_D = \begin{cases} g_D u_D & , \ u_2 \geqslant U_p \\ 0 & , \ u_2 < U_p \end{cases}$$ （5-2-3）

一般情况下，U_p 较小，有 $U_2 \gg U_p$，可令 $U_p = 0$（也可在电路中加一固定偏置电压 U_o，用以抵消 U_p，在这种情况下 $u_D = U_o + u_1 + u_2$），式（5-2-3）可进一步简化为

$$i_D = \begin{cases} g_D u_D & , \ u_2 \geqslant 0 \\ 0 & , \ u_2 < 0 \end{cases}$$ （5-2-4）

由于 $u_2 = U_2 \cos \omega_2 t$，则 $u_2 \geqslant 0$ 对应于 $2n\pi - \pi/2 \leqslant \omega_2 t \leqslant 2n\pi + \pi/2$，$n = 0, 1, 2, \cdots$，故有

$$i_D = \begin{cases} g_D u_D & , \ 2n\pi - \dfrac{\pi}{2} \leqslant \omega_2 t < 2n\pi + \dfrac{\pi}{2} \\ 0 & , \ 2n\pi + \dfrac{\pi}{2} \leqslant \omega_2 t < 2n\pi + \dfrac{3\pi}{2} \end{cases}$$ （5-2-5）

上式可以合并写成

$$i_D = g(t) u_D = g_D K(\omega_2 t) u_D$$ （5-2-6）

式中，$g(t)$ 为时变电导，受 u_2 的控制。$K(\omega_2 t)$ 为开关函数，它在 u_2 的正半周时等于 1，在负半周时为零，即

$$K(\omega_2 t) = \begin{cases} 1 & , \ 2n\pi - \dfrac{\pi}{2} \leqslant \omega_2 t < 2n\pi + \dfrac{\pi}{2} \\ 0 & , \ 2n\pi + \dfrac{\pi}{2} \leqslant \omega_2 t < 2n\pi + \dfrac{3\pi}{2} \end{cases}$$ （5-2-7）

如图 5-2-3 所示，这是一个单向开关函数。由此可见，在前面的假设条件下，二极管电路可等效为一个线性时变电路，其时变电导 $g(t)$ 为

$$g(t) = g_D K(\omega_2 t)$$ （5-2-8）

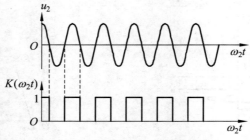

图 5-2-3　u_2 与 $K(\omega_2 t)$ 的波形图

$K(\omega_2 t)$ 为周期性函数，其周期与控制信号 u_2 的周期相同，可用傅立叶级数展开，其展开式为

$$K(\omega_2 t) = \frac{1}{2} + \frac{2}{\pi}\cos\omega_2 t - \frac{2}{3\pi}\cos 3\omega_2 t + \frac{2}{5\pi}\cos 5\omega_2 t - \cdots +$$
$$(-1)^{n+1}\frac{2}{(2n-1)\pi}\cos(2n-1)\omega_2 t + \cdots \qquad （5-2-9）$$

若 $u_1 = U_1 \cos\omega_1 t$，为单一频率信号，代入式（5-2-8）有

$$i_D = \frac{g_D}{\pi}U_2 + \frac{g_D}{2}U_1\cos\omega_1 t + \frac{g_D}{2}U_2\cos\omega_2 t + \frac{2g_D}{3\pi}U_2\cos 2\omega_2 t \cdots -$$
$$\frac{2g_D}{15\pi}U_2\cos 4\omega_2 t + \cdots + \frac{2g_D}{\pi}U_1\cos(\omega_2 - \omega_1)t + \frac{2g_D}{\pi}U_1\cos(\omega_2 + \omega_1)t -$$
$$\frac{2g_D}{3\pi}U_1\cos(3\omega_2 - \omega_1)t - \frac{2g_D}{3\pi}U_1\cos(3\omega_2 + \omega_1)t + \frac{2g_D}{5\pi}U_1\cos(5\omega_2 - \omega_1)t + \cdots \qquad （5-2-10）$$

由上式可以看出，流过二极管的电流 i_D 中的频率分量有：

（1）输入信号 u_1 和控制信号 u_2 的频率分量 ω_1 和 ω_2。

（2）控制信号 u_2 的频率 ω_2 的偶次谐波分量。

（3）由输入信号 u_1 的频率 ω_1 与控制信号 u_2 的奇次谐波分量的组合频率分量 $(2n + 1)\omega_2 \pm \omega_1$，$n = 0, 1, 2\cdots$。

上述分析是在一定的条件下，将二极管等效为一个受控开关，从而可将二极管电路等效为线性时变电路。应指出的是：如果假定条件不满足，如 U_2 较小，不足使二极管工作在大信号状态的条件，则二极管特性的折线近似就不正确了，因而后面的线性时变电路的等效也存在较大的问题；若 $U_2 \gg U_1$ 不满足，等效的开关控制信号不仅仅是 U_2，还应考虑 U_1 的影响，这时等效的开关函数的通角不是固定的 $\pi/2$，而是随 u_1 变化的；分析中还忽略了输出电压 u_0 对回路的反作用，这是由于在 $U_2 \gg U_1$ 的条件下，输出电压 u_0 的幅度相对于 u_2 而言，有 $U_2 \gg U_0$，若考虑 u_0 的反作用，对二极管两端电压 u_D 的影响不大，频率分量不会变化，u_0 的影响可能使输出信号幅度降低。还需进一步指出：即便前述条件不满足，该电路仍然可以完成频谱的线性搬移功能。不同的是，这些条件若不满足，电路不能等效为线性时变电路，因而不能用线性时变电路的分析法来分析，但仍然是一非线性电路，可以应用级数展开的非线性电路分析方法。

5.2.2 二极管平衡电路

在单二极管电路中，由于工作在线性时变工作状态，二极管产生的频率分量大大减少了，但在产生的频率分量中仍然有不少不必要的频率分量，因此有必要进一步减少一些频率分量，二极管平衡电路就可以满足这一要求。

图 5-2-4 所示为二极管平衡电路的原理电路，它由两个性能一致的二极管及中心抽头变压器 T_1、T_2 连接而成。图中，A、A' 的上半部与下半部完全一样。控制电压 u_2 加于变压器的 A、A' 两端。输出变压器 T_2 接滤波器，用以滤除无用的频率分量。从 T_2 次级向右看

的负载电阻为 R_L。为了分析方便，设变压器线圈匝数比 $N_1 : N_2 = 1 : 1$，因此加给 VD_1、VD_2 两管的输入电压均为 u_1，其大小相等，但方向相反；而 u_2 是同相加到两管上的。

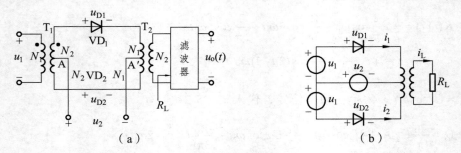

图 5-2-4　二极管平衡电路

与单二极管电路的条件相同，二极管处于大信号工作状态，即 $U_2 > 0.5 \text{ V}$。这样，二极管主要工作在截止区和线性区，二极管的伏安特性可用折线近似。$U_2 \gg U_1$，二极管开关主要受 u_2 控制。若忽略输出电压的反作用，则加到两个二极管的电压 u_{D1}、u_{D2} 为

$$\begin{cases} u_{D1} = u_2 + u_1 \\ u_{D2} = u_2 - u_1 \end{cases} \tag{5-2-11}$$

由于加到两个二极管上的控制电压 u_2 是同相的，因此两个二极管的导通、截止时间是相同的，其时变电导也是相同的。由此可得流过两管的电流 i_1、i_2 分别为

$$\begin{cases} i_1 = g_D K(\omega_2 t)(u_2 + u_1) \\ i_2 = g_D K(\omega_2 t)(u_2 - u_1) \end{cases} \tag{5-2-12}$$

i_1、i_2 在 T_2 次级产生的电流分别为

$$\begin{cases} i_{L1} = (N_1/N_2)i_1 = i_1 \\ i_{L2} = (N_1/N_2)i_2 = i_2 \end{cases} \tag{5-2-13}$$

但两电流流过 T_2 的方向相反，在 T_2 中产生的磁通相消，故次级总电流 i_L 应为

$$i_L = i_{L1} - i_{L2} = i_1 - i_2 \tag{5-2-14}$$

将式（5-2-12）代入上式，得

$$i_L = 2g_D K(\omega_2 t)u_1 \tag{5-2-14}$$

考虑到 $u_1 = U_1 \cos \omega_1 t$，代入上式可得

$$i_L = g_D U_1 \cos \omega_1 t + \frac{2g_D}{\pi} U_1 \cos(\omega_2 + \omega_1)t + \frac{2g_D}{\pi} U_1 \cos(\omega_2 - \omega_1)t -$$

$$\frac{2g_D}{3\pi} U_1 \cos(3\omega_2 + \omega_1)t - \frac{2g_D}{3\pi} U_1 \cos(3\omega_2 - \omega_1)t + \cdots \tag{5-2-15}$$

由上式可以看出，输出电流 i_L 中的频率分量有：① 输入信号的频率分量 ω_1；② 控制信号 u_2 的奇次谐波分量与输入信号 u_1 的频率 ω_1 的组合分量 $(2n + 1)\omega_2 + \omega_1$，$n = 0, 1, 2, \ldots$。

与单二极管电路相比较，u_2 的基波分量和偶次谐波分量被抵消掉了，二极管平衡电路的输出电路中不必要的频率分量又进一步减少了。因为控制电压 u_2 是同相加于 VD_1、VD_2 的两端，当电路完全对称时，两个相等的 ω_2 分量在 T_2 产生的磁通互相抵消，在次级上不再有 ω_2 及其谐波分量。

当考虑 R_L 的反映电阻对二极管电流的影响时，要用包含反映电阻的总电导来代替 g_D。如果 T_2 次级所接负载为宽带电阻，则初级两端的反映电阻为 $4R_L$。对 i_1、i_2 各支路的电阻为 $2R_L$。此时用总电导

$$g = \frac{1}{r_D + 2R_L} \qquad (5\text{-}2\text{-}16)$$

来代替式（5-2-15）中的 g_D，$r_D = 1/g_D$。当 T_2 所接负载为选频网络时，其所呈现的电阻随频率变化。

在上面的分析中，假设电路是理想对称的，因而可以抵消一些无用分量，但实际上难以做到这点。例如，两个二极管特性不一致，i_1 和 i_2 中的 ω_2 电流值将不同，致使 ω_2 及其谐波分量不能完全抵消。变压器不对称也会造成这个结果。很多情况下，不需要有控制信号输出，但由于电路不可能完全平衡，从而形成控制信号的泄漏。一般要求泄漏的控制信号频率分量的电平要比有用的输出信号电平至少低 20 dB 以上。

图 5-2-5（a）为平衡电路的另一种形式，称为二极管桥式电路。这种电路应用较多，因为它不需要具有中心抽头的变压器，4 个二极管接成桥路，控制电压直接加到二极管上。当 $u_2 > 0$ 时，4 个二极管同时截止，u_1 直接加到 T_2 上；当 $u_2 < 0$ 时，4 个二极管导通，A、B 两点短路，无输出。所以

$$u_{AB} = K(\omega_2 t)u_1 \qquad (5\text{-}2\text{-}17)$$

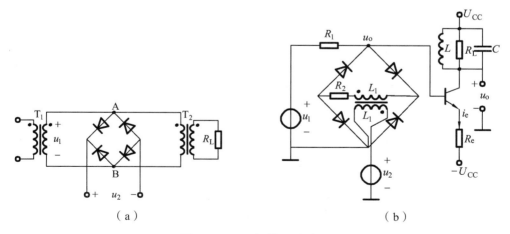

图 5-2-5　二极管桥式电路

由于 4 个二极管接成桥型，若二极管特性完全一致，A、B 端无 u_2 的泄漏。图 5-2-5（b）是一实际桥式电路，其工作原理同上，只不过桥路输出加至晶体管的基极，经放大及回路滤波后输出所需频率分量，从而完成特定的频谱搬移功能。

5.2.3 二极管环形电路

图 5-2-6 所示为二极管环形电路的基本电路图。与二极管平衡电路相比，它只是多接了 2 只二极管（VD$_3$ 和 VD$_4$），4 只二极管方向一致，组成一个环路，因此称为二极管环形电路。控制电压 u_2 正向加到 VD$_1$、VD$_2$ 两端，反向加到 VD$_3$、VD$_4$ 两端，随控制电压 u_2 的正负变化，两组二极管交替导通和截止。当 $u_2 \geq 0$ 时，VD$_1$、VD$_2$ 导通，VD$_3$、VD$_4$ 截止；当 $u_2 < 0$ 时，VD$_1$、VD$_2$ 截止，VD$_3$、VD$_4$ 导通。在理想情况下，它们互不影响，因此，二极管环形电路是由两个平衡电路组成：VD$_1$ 与 VD$_2$ 组成平衡电路 I，VD$_3$、VD$_4$ 组成平衡电路 II，分别如图 5-2-6（b）、（c）所示。因此，二极管环形电路又称为二极管双平衡电路。

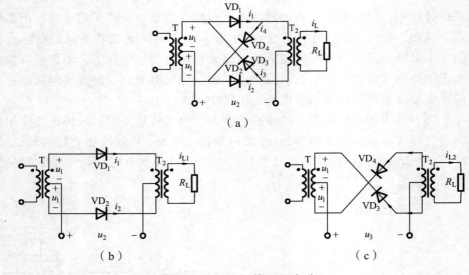

图 5-2-6　二极管环形电路

根据图 5-2-6（a）中电流的方向，平衡电路 I 在负载 R_L 上产生的总电流为

$$i_L = i_{LI} + i_{LII} = (i_1 - i_2) + (i_3 - i_4) \tag{5-2-18}$$

式中，i_{LI} 为平衡电路 I 在负载 R_L 上的电流，前已得 $i_{LI} = 2g_D K(\omega_2 t) u_1$；$i_{LII}$ 为平衡电路 II 在负载 R_L 上产生的电流。由于 VD$_3$、VD$_4$ 是在控制信号 u_2 的负半周内导通，其开关函数与 $K(\omega_2 t)$ 相差 $T_2/2$（$T_2 = 2\pi/\omega_2$）。又因 VD$_3$ 上所加的输入电 u_1 与 VD$_1$ 上的极性相反，VD$_4$ 上所加的输入电压 u_1 与 VD$_2$ 上的极性相反，所以 i_{LII} 表示式为

$$i_{LII} = -2g_D K(\omega_2(t - T_2/2)) u_1 = -2g_D K(\omega_2 t - \pi) u_1 \tag{5-2-19}$$

代入式（5-2-18），输出总电流 i_L 为

$$i_L = 2g_D [K(\omega_2 t) - K(\omega_2 t - \pi)] u_1 = 2g_D K'(\omega_2 t) u_1 \tag{5-2-20}$$

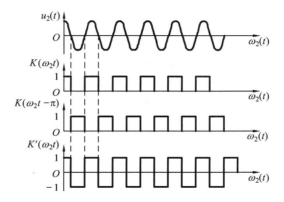

图 5-2-7 环形电路的开关函数波形图

图 5-2-7 给出了 $K(\omega_2 t)$、$K(\omega_2 t - \pi)$ 及 $K'(\omega_2 t)$ 的波形。由此可见 $K(\omega_2 t)$、$K(\omega_2 t - \pi)$ 为单向开关函数，$K'(\omega_2 t)$ 为双向开关函数，且有

$$\begin{cases} K'(\omega_2 t) = K(\omega_2 t) - K(\omega_2 t - \pi) = \begin{cases} 1 & , \ u_2 \geqslant 0 \\ -1 & , \ u_2 \leqslant 0 \end{cases} \\ K(\omega_2 t) + K(\omega_2 t - \pi) = 1 \end{cases} \quad （5\text{-}2\text{-}21）$$

由此可得 $K(\omega_2 t - \pi)$、$K'(\omega_2 t)$ 的傅立叶级数

$$K(\omega_2 t - \pi) = 1 - K(\omega_2 t) = \frac{1}{2} - \frac{2}{\pi}\cos\omega_2 t + \frac{2}{3\pi}\cos 3\omega_2 t - \frac{2}{5\pi}\cos 5\omega_2 t + \cdots +$$

$$(-1)^n \frac{2}{(2n-1)\pi}\cos(2n-1)\omega_2 t + \cdots \quad （5\text{-}2\text{-}22）$$

$$K'(\omega_2 t) = \frac{4}{\pi}\cos\omega_2 t - \frac{4}{3\pi}\cos 3\omega_2 t + \frac{4}{5\pi}\cos 5\omega_2 t + \cdots +$$

$$(-1)^{n+1}\frac{4}{(2n-1)\pi}\cos(2n-1)\omega_2 t + \cdots \quad （5\text{-}2\text{-}23）$$

当 $u_1 = U_1 \cos\omega_1 t$ 时，

$$i_{\text{L}} = \frac{4}{\pi}g_{\text{D}}U_1\cos(\omega_2 + \omega_1)t + \frac{4}{\pi}g_{\text{D}}U_1\cos(\omega_2 - \omega_1)t -$$

$$\frac{4}{3\pi}g_{\text{D}}U_1\cos(3\omega_2 + \omega_1)t - \frac{4}{3\pi}g_{\text{D}}U_1\cos(3\omega_2 - \omega_1)t + \cdots +$$

$$\frac{4}{5\pi}g_{\text{D}}U_1\cos(5\omega_2 + \omega_1)t - \frac{4}{5\pi}g_{\text{D}}U_1\cos(5\omega_2 - \omega_1)t + \cdots \quad （5\text{-}2\text{-}24）$$

由上式可以看出，环形电路中输出电流 i_{L} 只有控制信号 u_2 的基波分量和奇次谐波分量与输入信号 u_1 的频率 ω_1 的组合频率分量 $(2n+1)\omega_2 \pm \omega_1$（$n = 0, 1, 2, \ldots$）。在平衡电路的基础上，又消除了输入信号 u_1 的频率分量 ω_1，且输出的 $(2n+1)\omega_2 \pm \omega_1$（$n = 0, 1, 2, \ldots$）的频率分量的幅度等于平衡电路的两倍。

环形电路 i_L 中无 ω_1 频率分量，这是两次平衡抵消的结果。每个平衡电路自身抵消 ω_2 及其谐波分量，两个平衡电路抵消 ω_1 分量。若 ω_2 较高，则 $3\omega_2 \pm \omega_1$、$5\omega_2 \pm \omega_1$ 等组合频率分量很容易滤除，故环形电路的性能更接近理想相乘器，这是频谱线性搬移电路要解决的核心问题。

5.3 差分对电路

频谱搬移电路的核心部分是相乘器。可变跨导相乘法具有电路简单、易于集成、工作频率高等特点而得到广泛应用。它可以用于实现调制、解调、混频、鉴相及鉴频等功能。这种方法是利用一个电压控制晶体管射极电流或场效应管源极电流，使其跨导随之变化从而达到与另一个输入电压相乘的目的。这种电路的核心单元是一个带恒流源的差分对电路。

5.3.1 单差分对电路

基本的单差分对电路如图 5-3-1 所示。图中两个晶体管和两个电阻精密配对。恒流源 I_0 为对管提供射极电流。两管静态工作电流相等，$I_{e1} = I_{e2} = I_0/2$。当输入端加有电压（差模电压）u 时，若 $u > 0$，则 VT_1 管射极电流增加 ΔI，VT_2 管电流减少 ΔI，但仍保持如下关系

$$i_{c1} + i_{c2} = \frac{I_0}{2} + \Delta I + \frac{I_0}{2} - \Delta I = I_0 \qquad （5\text{-}3\text{-}1）$$

这时两管不平衡。输出方式可采用单端输出，也可采用双端输出。

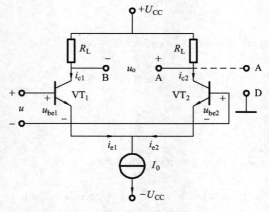

图 5-3-1　单差分对电路

设 VT_1、VT_2 管的 $a \approx 1$，则有 $i_{c1} \approx i_{e1}$，$i_{c2} \approx i_{e2}$，可得晶体管的集电极电流与基极射极电压 u_{be} 的关系为

$$i_{c1} = I_s e^{\frac{u_{be1}}{U_T}}, \quad i_{c2} = I_s e^{\frac{u_{be2}}{U_T}} \qquad （5\text{-}3\text{-}2）$$

于是有

$$I_0 = i_{c1} + i_{c2} = i_{c2}\left(1 + e^{\frac{u}{U_T}}\right) \tag{5-3-3}$$

由上式得到

$$i_{c2} = I_0 \Big/ \left(1 + e^{\frac{u}{U_T}}\right) \tag{5-3-4}$$

式中，$u = u_{be1} - u_{be2}$，类似可得

$$i_{c1} = I_0 \Big/ \left(1 + e^{\frac{-u}{U_T}}\right) \tag{5-3-5}$$

为了易于观察 i_{c1}、i_{c2} 随输入电压 u 变化的规律，将式（5-3-5）减去静态工作电流 $I_0/2$，可得

$$i_{c1} - \frac{I_0}{2} = \frac{I_0}{2} \cdot 2 \Big/ \left(1 + e^{\frac{-u}{U_T}}\right) - \frac{I_0}{2} = \frac{I_0}{2}\tanh\frac{u}{2U_T} \tag{5-3-6}$$

这里 $\tanh(x) = \dfrac{e^x - e^{-x}}{e^x + e^{-x}}$ 为双曲正切函数。因此

$$\begin{cases} i_{c1} = \dfrac{I_0}{2} + \dfrac{I_0}{2}\tanh\dfrac{u}{2U_T} \\[2mm] i_{c2} = \dfrac{I_0}{2} - \dfrac{I_0}{2}\tanh\dfrac{u}{2U_T} \end{cases} \tag{5-3-7}$$

双端输出的情况下有

$$u_o = u_{c2} - u_{c1} = (U_{CC} - i_{c2}R_L) - (U_{CC} - i_{c1}R_L) = R_L I_0 \tanh\frac{u}{2U_T} \tag{5-3-8}$$

可得等效的差分输出电流 i_o 与输入电压 u 的关系式

$$i_o = I_0 \tanh\frac{u}{2U_T} \tag{5-3-9}$$

集电极电流 i_{c1}、i_{c2} 和差分输出电流 i_o 与输入电压 u 的关系称为传输特性。图 5-3-2 给出了这些传输特性曲线。

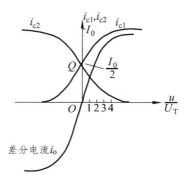

图 5-3-2　差分对的传输特性

69

从图中可知，输入电压很小时，传输特性近似为线性关系，即工作在线性放大区。这是因为当 $|x|<1$ 时，$\tanh\left(\dfrac{x}{2}\right)\approx\dfrac{x}{2}$。因此，当 $|u|<U_\mathrm{T}=26$ mV 时，$i_\mathrm{o}=I_0\tanh\dfrac{u}{2U_\mathrm{T}}\approx I_0\dfrac{u}{2U_\mathrm{T}}$。若输入电压很大，一般在 $|u|>100$ mV 时，电路呈现限幅状态，两管接近于开关状态，因此，该电路可作为高速开关、限幅放大器等电路。小信号运用时的跨导即为传输特性线性区的斜率，它表示电路在放大区输出时的放大能力

$$g_\mathrm{m}=\left.\frac{\partial i_\mathrm{o}}{\partial u}\right|_{u=0}=\frac{I_0}{2U_\mathrm{T}}\approx 20I_0 \tag{5-3-10}$$

该式表明，g_m 与 I_0 成正比，I_0 增加，则 g_m 加大，增益提高。若 I_0 随时间变化，g_m 也随时间变化，成为时变跨导 $g_\mathrm{m}(t)$。因此，可用控制 I_0 的办法组成线性时变电路。当输入差模电压 $u=U_1\cos\omega_1 t$ 时，由传输特性可得 i_o 波形，如图 5-3-3 所示。其所含频率分量可由 $\tanh(u/2U_\mathrm{T})$ 的傅立叶级数展开式求得，即

$$i_\mathrm{o}(t)=I_0[\beta_1(x)\cos\omega_1 t+\beta_3(x)\cos 3\omega_1 t+\beta_5(x)\cos 5\omega_1 t+\cdots]$$
$$=I_0\sum_{n=1}^{\infty}\beta_{2n-1}(x)\cos(2n-1)\omega_1 t \tag{5-3-11}$$

式中，傅立叶系数

$$\beta_{2n-1}(x)=\frac{1}{\pi}\int_{-\pi}^{\pi}\tanh\left(\frac{x}{2}\cos\omega_1 t\right)\cos(2n-1)\omega_1 t\,\mathrm{d}\omega_1 t,\quad x=\frac{U_1}{U_\mathrm{T}} \tag{5-3-12}$$

差分对电路的可控通道有两个：一个为输入差模电压，另一个为电流源。图 5-3-3 所示为差分对频谱搬移电路，可用输入信号和控制信号分别控制这两个通道。由于输出电流 i_o 与 I_0 成线性关系，所以将控制电流源的这个通道称为线性通道；输出电流 i_o 与差模输入电压 u 成非线性关系，所以将差模输入通道称为非线性通道。

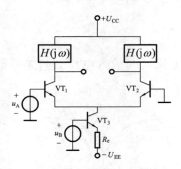

图 5-3-3　差分对频谱搬移电路

集电极负载为一滤波回路，滤波回路的种类和参数可依据欲实现的功能来进行设计，对输出频率分量呈现的阻抗为 R_L。恒流源 I_0 由尾管 $\mathrm{VT_3}$ 提供，$\mathrm{VT_3}$ 射极接有大电阻 R_e，所以又将此电路称为"长尾偶电路"。R_e 的大取值是为了削弱 $\mathrm{VT_3}$ 发射结非线性电阻的作用。由图中可看到

$$u_{\mathrm{B}} = u_{\mathrm{be3}} + i_{\mathrm{e3}} R_{\mathrm{e}} - U_{\mathrm{EE}} \qquad (5\text{-}3\text{-}13)$$

当忽略 u_{be3} 后，得出

$$i_{\mathrm{o}}(t) = i_{\mathrm{e3}} = \frac{U_{\mathrm{EE}}}{R_{\mathrm{e}}} + \frac{u_{\mathrm{B}}}{R_{\mathrm{e}}} = I_0 \left(1 + \frac{u_{\mathrm{B}}}{R_{\mathrm{e}}}\right), \quad I_0 = \frac{U_{\mathrm{EE}}}{R_{\mathrm{e}}} \qquad (5\text{-}3\text{-}14)$$

由此可得输出电流

$$i_{\mathrm{o}}(t) = I_0(t) \tanh\left(\frac{u_{\mathrm{A}}}{2U_{\mathrm{T}}}\right) = I_0 \left(1 + \frac{u_{\mathrm{B}}}{U_{\mathrm{EE}}}\right) \tanh\left(\frac{u_{\mathrm{A}}}{2U_{\mathrm{T}}}\right) \qquad (5\text{-}3\text{-}15)$$

特别当 $|u_{\mathrm{A}}| < 26\ \mathrm{mV}$ 时，有

$$i_{\mathrm{o}}(t) \approx I_0 \left(1 + \frac{u_{\mathrm{B}}}{U_{\mathrm{EE}}}\right)\left(\frac{u_{\mathrm{A}}}{2U_{\mathrm{T}}}\right) \qquad (5\text{-}3\text{-}15)$$

式中有两个输入信号的乘积项，因此，可以构成频谱线性搬移电路。

5.3.2　双差分对电路

双差分对频谱搬移电路如图 5-3-4 所示。它由 3 个基本的差分电路组成，可看成由 2 个单差分对电路组成。VT_1、VT_2、VT_5 组成差分电路 I，VT_3、VT_4、VT_6 组成差分电路 II，两个差分对电路的输出端交叉耦合。输入电压 u_{A} 交叉地加到两个差分对管的输入端，输入电压 u_{B} 则加到 VT_5 和 VT_6 组成的差分对管输入端，3 个差分对都是差模输入。双差分对每边的输出电流为两差分对管相应边的输出电流之和，因此，双端输出时，它的差分输出电流为

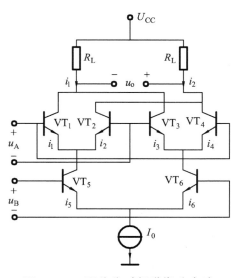

图 5-3-4　双差分对频谱搬移电路

71

$$i_o = i_1 - i_{II} = (i_1 + i_3) - (i_2 + i_4) = (i_1 - i_2) - (i_4 - i_3) \tag{5-3-15}$$

式中，$(i_1 - i_2)$ 是左边差分对管的差分输出电流，$(i_4 - i_3)$ 是右边差分对管的差分输出电流，分别为

$$\begin{cases} i_4 - i_3 = i_6 \tanh\left(\dfrac{u_A}{2U_T}\right) \\ i_1 - i_2 = i_5 \tanh\left(\dfrac{u_A}{2U_T}\right) \end{cases} \tag{5-3-16}$$

由此可得

$$i_o = (i_5 - i_6) \tanh\left(\frac{u_A}{2U_T}\right) \tag{5-3-17}$$

式中，是 VT_5 和 VT_6 差分对管的差分输出电流，为

$$i_5 - i_6 = I_0 \tanh\left(\frac{u_B}{2U_T}\right) \tag{5-3-18}$$

带入公式（5-3-17），得到

$$i_o = I_0 \tanh\left(\frac{u_A}{2U_T}\right) \tanh\left(\frac{u_B}{2U_T}\right) \tag{5-3-19}$$

由此可见，双差分对的差分输出电流 i_o 与两个输入电压 u_A、u_B 之间均为非线性关系。用作频谱搬移电路时，输入信号 u_1 和控制信号 u_2 可以任意加在两个非线性通道中，而单差分对电路的输出频率分量与这两个信号所加的位置是有关的。当 $u_1 = U_1 \cos\omega_1 t$，$u_2 = U_2 \cos\omega_2 t$ 时，带入式（5-3-19）有

$$\begin{cases} i_o = I_0 \displaystyle\sum_{m=0}^{\infty} \sum_{n=0}^{\infty} \beta_{2m-1}(x_1)\beta_{2n-1}(x_2)\cos[(2m-1)\omega_1 t]\cos[(2n-1)\omega_2 t] \\ x_1 = \dfrac{U_1}{U_T}, \quad x_2 = \dfrac{U_2}{U_T} \end{cases} \tag{5-3-20}$$

有 ω_1 与 ω_2 的各阶奇次谐波分量的组合分量，其中包括两个信号乘积项，但不能等效为一理想乘法器。若 U_1、$U_2 < 26\ \text{mV}$，非线性关系可近似为线性关系，式（5-3-19）为理想的乘法器。

$$i_o = I_0 \frac{u_1}{2U_T}\frac{u_2}{2U_T} = \frac{I_0}{2U_T^2}u_1 u_2 \tag{5-3-21}$$

作为乘法器时，由于要求输入电压幅度要小，因而 u_A、u_B 的动态范围较小。为了扩大 u_B 的动态范围，可以在 VT_5 和 VT_6 的发射极上接入负反馈电阻 R_{e2}，如图 5-3-5 所示。当每管的 $r_{bb'}$ 可忽略，并设 R_{e2} 的滑动点处于中间值时，有

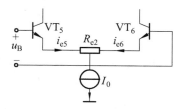

图 5-3-5　双差分对频谱搬移电路

$$u_B = u_{be5} + \frac{1}{2}i_{e5}R_{e2} - u_{be6} - \frac{1}{2}i_{e6}R_{e2} \tag{5-3-22}$$

式中，$u_{be5} - u_{be6} = U_T \ln(i_{e5}/i_{e6})$，因此上式可表示为

$$u_B = U_T \ln\left(\frac{i_{e5}}{i_{e6}}\right) + \frac{1}{2}(i_{e5} - i_{e6})R_{e2} \tag{5-3-23}$$

若 R_{e2} 足够大，满足深反馈条件，即

$$\frac{1}{2}(i_{e5} - i_{e6})R_{e2} \gg U_T \ln\left(\frac{i_{e5}}{i_{e6}}\right) \tag{5-3-24}$$

式（5-3-23）可简化为

$$u_B \approx \frac{1}{2}(i_{e5} - i_{e6})R_{e2} \approx \frac{1}{2}(i_5 - i_6)R_{e2} \tag{5-3-25}$$

上式表明，接入负反馈电阻，且满足式（5-3-24）时，差分对管 VT_5 和 VT_6 的差分输出电流近似与 u_B 成正比，而与 I_0 的大小无关。应该指出，这个结论必须在两管均工作在放大区条件下才成立。工作在放大区内，可近似认为 i_{e5} 和 i_{e6} 均大于零。考虑到 $i_{e5} + i_{e6} = I_0$，则由式（5-3-25）可知，为了保证 i_{e5} 和 i_{e6} 大于零，u_B 的最大动态范围为

$$-\frac{I_0}{2} \leqslant u_B \leqslant \frac{I_0}{2} \tag{5-3-26}$$

将式（5-3-25）代入式（5-3-19），双差分对的差分输出电流可近似为

$$i_o \approx \frac{2u_B}{R_{e2}}\tanh\left(\frac{u_A}{2U_T}\right) \tag{5-3-27}$$

上式表明双差分对工作在线性时变状态。若 u_A 足够小时，结论与式（5-3-21）类似。如果 u_A 足够大，工作到传输特性的平坦区，则上式可进一步表示为开关工作状态，即

$$i_o \approx \frac{2}{R_{e2}}K(\omega_A t)u_B \tag{5-3-28}$$

综上所述，施加反馈电阻后，双差分对电路工作在线性时变状态或开关工作状态，因而特别适合用来作频谱搬移电路。例如，作为双边带振幅调制电路或相移键控调制电路时，u_A 加载波电压，u_B 加调制信号，输出端接中心频率为载波频率的带通滤波器；作为同步检

73

波电路时，u_A 为恢复载波，u_B 加输入信号，输出端接低通滤波器；作为混频电路时，u_A 加本振电压，u_B 加输入信号，输出端接中频滤波器。

双差分电路具有结构简单、有增益、无须变压器、易于集成化、对称性精确、体积小等优点，因而得到广泛的应用。双差分电路是集成模拟乘法器的核心。差分对作为放大器时是四端网络，其工作点不变，不产生新的频率分量。差分对作为频谱线性搬移电路时，为六端网络。两个输入电压中，一个用来改变工作点，使跨导变为时变跨导；另一个则作为输入信号，以时变跨导进行放大，因此称为时变跨导放大器。这种线性时变电路，即使工作于线性区，也能产生新的频率成分，完成相乘功能。

5.4 晶体管混频器

根据本振电压的注入和信号电压输入的位置不同，晶体管混频器电路具有图 5-4-1 所示的 4 种基本形式。如图 5-4-1（b）所示，信号电压 u_s 由基极输入，本振电压 u_o 由发射极注入，该电路应用较多，因为输入信号和本振信号相互干扰比较小。另外，对于本振电压来说这是共基极电路，其输入阻抗比较小，振荡波形比较好。

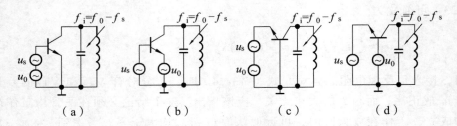

（a）　　　　　（b）　　　　　（c）　　　　　（d）

图 5-4-1　晶体管混频器原理图

以图 5-4-2 的晶体管混频器电路图分析其频谱搬移原理。图中，u_1 是输入信号，u_2 是参考信号，且 u_1 的振幅 U_1 远远小于 u_2 的振幅 U_2，即 $U_2 \gg U_1$。由图看出，u_1 与 u_2 都加到三极管的 be 结，利用其非线性特性，可以产生 u_1 和 u_2 的频率的组合分量，再经集电极的输出回路选出完成某一频谱线性搬移功能所需的频率分量，从而达到频谱线性搬移的目的。

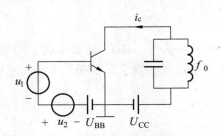

图 5-4-2　晶体管频谱搬移原理电路

当频率不太高时，晶体管集电极电流 i_c 是 u_{be} 及 u_{ce} 的函数。若忽略输出电压的反作用，则 i_c 可以近似表示为 u_{be} 的函数，即 $i_c = f(u_{be}, u_{ce}) \approx f(u_{be})$。从图中可知，$u_{be} = u_1 + u_2 + U_{BB}$，

其中，U_{BB} 为直流工作点电压。现将 $U_{BB}+u_2=U_{BB}(t)$ 看成晶体管频谱线性搬移电路的静态工作点电压(即无信号时的偏压)，由于工作点随时间变化，所以称为时变工作点，即 $U_{BB}(t)$ 使三极管的工作点沿转移特性来回移动。因此，可将 i_c 表示为

$$i_c = f(u_{be}) = f(u_1+u_2+U_{BB}) = f[U_{BB}(t)+u_1] \tag{5-4-1}$$

在时变工作点处，将上式对 u_1 展开成泰勒级数，有

$$i_c = f[U_{BB}(t)] + f'[U_{BB}(t)]u_1 + \frac{1}{2}f''[U_{BB}(t)]u_1^2 + \cdots + \frac{1}{n!}f^{(n)}[U_{BB}(t)]u_1^n + \cdots \tag{5-4-2}$$

式中各项系数的意义说明如下：

$f[U_{BB}(t)] = f(u_{BE})\Big|_{u=U_{BB}(t)} = I_{c0}(t)$，表示时变工作点处的电流或称为静态工作点电流，它随参考信号 u_2 周期性地变化。当 u_2 瞬时值最大时，三极管工作点为 Q_1，$I_{c0}(t)$ 为最大值，当 u_2 瞬时值最小时，三极管工作点为 Q_2，$I_{c0}(t)$ 为最小值。图 5-4-3(a)给出了 i_c-u_{be} 曲线，同时画出了 $I_{c0}(t)$ 波形，其表示式为

$$\begin{cases} I_{c0}(t) = I_{c00} + I_{c01}\cos\omega_2 t + I_{c02}\cos 2\omega_2 t + \cdots \\ f'[U_{BB}(t)] = \dfrac{di_c}{du_{be}}\bigg|_{u_{be}=U_{BB}(t)} = \dfrac{df(u_{be})}{du_{be}}\bigg|_{u_{be}=U_{BB}(t)} \end{cases} \tag{5-4-3}$$

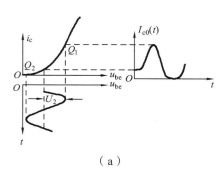

(a)

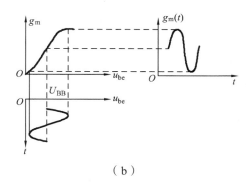

(b)

图 5-4-3　晶体管电路中的时变电流和时变跨导

这里 di_c/du_{be} 是晶体管的跨导，而 $f'[U_{BB}(t)]$ 就是在 $U_{BB}(t)$ 作用下晶体管的正向传输电导 $g_m(t)$，$g_m(t)$ 也随 u_2 周期性变化，称之为时变跨导。由于 $g_m(t)$ 是 u_2 的函数，而 u_2 是周期

性变化的，其角频率为 ω_2，因此 $g_m(t)$ 也是以角频率 ω_2 周期性变化的函数，用傅立叶级数展开，可得

$$g_m(t) = g_{m0} + g_{m1} \cos \omega_2 t + g_{m2} \cos 2\omega_2 t + \cdots \qquad (5\text{-}4\text{-}4)$$

式中，g_{m0} 是 $g_m(t)$ 的平均分量（直流分量），它不一定是直流工作点 U_{BB} 处的跨导。g_{m1} 是 $g_m(t)$ 中角频率为 ω_2 的分量时变跨导的基波分量振幅。

$$\frac{1}{n!} f^{(n)}[U_{BB}(t)] u_1^n = \frac{\mathrm{d}^n i_c}{\mathrm{d} u_{be}^n} \bigg|_{u_{be}=U_{BB}(t)} , \quad n = 1, 2, 3, \cdots \qquad (5\text{-}4\text{-}5)$$

也是 u_2 的函数，同样频率为 ω_2 的周期性函数，可以用傅立叶级数展开：

$$f^{(n)}[U_{BB}(t)] = C_{n0} + C_{n1} \cos \omega_2 t + C_{n2} \cos 2\omega_2 t + \cdots, \quad n = 1, 2, 3, \cdots \qquad (5\text{-}4\text{-}6)$$

同样包含有平均分量、基波分量和各次谐波分量。联立上述公式，可得

$$\begin{aligned}
i_c &= I_{c0}(t) + g_m(t) u_1 + \frac{1}{2} f'[U_{BB}(t)] u_1^2 + \cdots + \frac{1}{n!} f^{(n)}[U_{BB}(t)] u_1^n + \cdots \\
&= I_{c00} + I_{c01} \cos \omega_2 t + I_{c02} \cos 2\omega_2 t + \cdots + \\
&\quad (g_{m0} + g_{m1} \cos \omega_2 t + g_{m2} \cos 2\omega_2 t + \cdots) U_1 \cos \omega_1 t + \cdots + \\
&\quad \frac{1}{n!} (C_{n0} + C_{n1} \cos \omega_2 t + C_{n2} \cos 2\omega_2 t + \cdots) U_1^n \cos^n \omega_1 t + \cdots
\end{aligned} \qquad (5\text{-}4\text{-}7)$$

可以看出，i_c 中的频率分量包含了 ω_1 和 ω_2 的各次谐波分量，以及 ω_1 和 ω_2 的各次组合频率分量。

$$\omega_{p,q} = |\pm p\omega_2 \pm q\omega_1| \quad p, q = 0, 1, 2, \cdots \qquad (5\text{-}4\text{-}8)$$

用晶体管组成的频谱线性搬移电路，其集电极电流中包含了各种频率成分，用滤波器选出所需频率分量，就可完成所要求的频谱线性搬移功能。一般情况下，由于 $U_1 \ll U_2$，通常可以不考虑高次项，式（5-4-7）化简为

$$i_c = I_{c0}(t) + g_m(t) u_1 \qquad (5\text{-}4\text{-}9)$$

等效为线性时变电路，其组合频率也大大减少，只有 ω_2 的各次谐波分量及其 ω_1 的组合频率分量 $n\omega_2 \pm \omega_1$，$n = 0, 1, 2, \cdots$。

思考题与习题

（1）为什么频谱变换必须采用非线性电路？

（2）请简要描述线性时变电路的结构。它与普通的利用器件非线性构成的频谱变换电路相比有什么优点？

（3）图 5-5-1 所示的电路为二极管平衡调制器。其中 $v_1 = V_1 \cos\omega_1 t$，$v_2 = V_2 \cos\omega_2 t$，$V_2 \gg V_1$。假设二极管的正向伏安特性为过原点斜率为 g_D 的直线，且受 V_2 控制工作在开关状态。输出 LC 回路谐振在 $\omega_1 + \omega_2$。试求该电路的输出电压表达式。

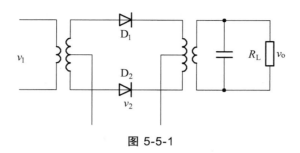

图 5-5-1

（4）已知某非线性器件的伏安特性为 $i = \begin{cases} g_D v, & v > 0 \\ 0, & v \leq 0 \end{cases}$。若加在该器件上的信号电压为 $v = V_Q + V_1 \cos\omega_1 t + V_2 \cos\omega_2 t$，其中 V_2 很小，满足线性时变条件。试求 $V_Q = -\dfrac{V_1}{2}$、0、V_1 三种条件下的时变跨导表达式。

（5）如果混频管的转移特性为 $i_o = a_o + a_1 v_i + a_2 v_i^2$，试问会不会受到中频干扰和镜像干扰？会不会收到干扰台的影响而产生交调、互调和堵塞？为什么？

（6）某种通信系统的接收频带为 $869\sim894\,\text{MHz}$，第一中频为 $87\,\text{MHz}$。问两种可能的本征频率范围是多少？对应的镜像频率范围是多少？

第 6 章　振幅调制与解调

所有的调制与解调都属于频谱变换过程。从信息和已调波信号的频谱关系区分，可以将调制形式分为线性频谱变换和非线性频谱变换两种。已调波解调时，按照是否需要原来的载波参与非线性运算，可将解调过程分为相干解调与非相干解调两大类。

本章主要介绍模拟调制与解调中的振幅调制与解调的基本原理、典型电路和分析方法。

6.1　振幅调制原理

所谓调制，就是用调制信号去控制载波的某个参数的过程。调制信号是由原始消息（如声音、数据、图像等）转变成的低频或视频信号，这些信号可以是模拟的，也可以是数字的。未受调制的高频振荡信号称为载波，它可以是正弦波，也可以是非正弦波，如方波、三角波、锯齿波等，但它们都是周期性信号。受调制后的振荡波称为已调波，它具有调制信号的特征。也就是说，已经把要传送的信息加载到高频振荡上去了。解调则是调制的逆过程，是将载于高频振荡信号上的调制信号恢复出来的过程。

根据载波中被控参量的不同，调制过程可分为振幅调制、频率调制和相位调制。振幅调制是由调制信号去控制载波的振幅，使高频振荡的振幅与调制信号呈线性关系，其他参数（频率和相位）不变。振幅调制分为 3 种方式：普通的调幅方式（AM）、抑制载波的双边带调制（DSB-SC）及抑制载波的单边带调制（SSB-SC）方式。所得的已调信号分别称为调幅波、双边带信号及单边带信号。

6.1.1　普通调幅信号特征

设载波电压为

$$u_c = U_c \cos \omega_c t \tag{6-1-1}$$

调制电压为

$$u_\Omega = U_\Omega \cos \Omega t \tag{6-1-2}$$

通常满足 $\omega_c \gg \Omega$。根据振幅调制信号的定义，已调信号的振幅随调制信号 u_Ω 线性变化，由此可得振幅调制信号振幅 $U_m(t)$ 为

$$U_m(t) = U_c + \Delta U_c(t) = U_c + k_a U_\Omega \cos \Omega t = U_c(1 + m \cos \Omega t) \tag{6-1-3}$$

式中，$\Delta U_c(t)$ 与调制电压 u_Ω 成正比，其振幅 $\Delta U_c = k_a U_\Omega$ 与载波振幅之比称为调幅度（调制度），k_a 为比例系数，称为调制灵敏度。

$$m = \frac{\Delta U_c}{U_c} = \frac{k_a U_\Omega}{U_c} \tag{6-1-4}$$

由此可得调幅信号的表达式

$$u_{AM}(t) = U_m(t)\cos\omega_c t = U_c(1 + m\cos\Omega t)\cos\omega_c t \tag{6-1-5}$$

为了使已调波不失真，即高频振荡波的振幅能真实地反映出调制信号的变化规律，调制度 m 应小于或等于 1。

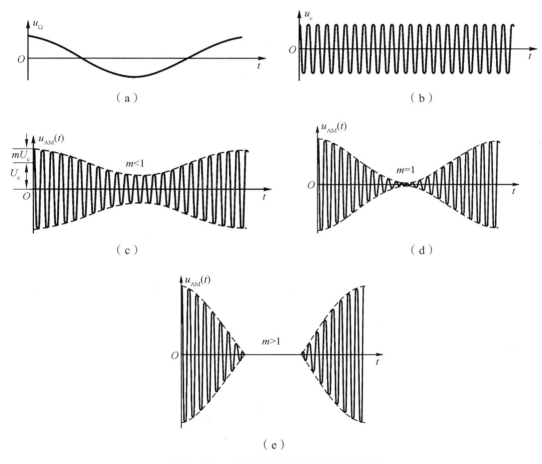

（a） （b）

（c） （d）

（e）

图 6-1-1　AM 调制过程中的信号波形

图 6-1-1（c）、（d）分别为 $m < 1$、$m = 1$ 时的已调波波形；图 6-1-1（a）、（b）则分别为调制信号、载波信号的波形。当 $m > 1$ 时，称为过调制，如图 6-1-1（e）所示，此时产生严重的失真，这是应该避免的。

应用三角公式，将式（6-1-5）进一步展开，写成

$$u_{\text{AM}}(t) = U_c \cos \omega_c t + \frac{m}{2} U_c \cos(\omega_c - \Omega)t + \frac{m}{2} U_c \cos(\omega_c + \Omega)t \qquad (6\text{-}1\text{-}6)$$

上式表明，单频调制的调幅波包含 3 个频率分量，其频谱图如图 6-1-2 所示。可以看出：频谱的中心分量就是载波分量，它与调制信号无关，不含消息。而两个边频分量 $\omega_c + \Omega$ 及 $\omega_c - \Omega$ 则以载频为中心对称分布，两个边频幅度相等并与调制信号幅度成正比。边频相对于载频的位置仅取决于调制信号的频率，这说明调制信号的幅度及频率消息只包含于边频分量中。

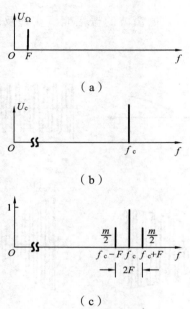

图 6-1-2　单频调制时已调波的频谱

接下来分析调幅波的功率情况。调幅波的幅度是变化的，所以它存在几种状态下的功率，如载波功率、最大功率及最小功率、调幅波的平均功率等。

在负载电阻 R_L 上消耗的载波功率为

$$P_c = \frac{1}{2\pi} \int_{-\pi}^{\pi} \frac{u_c^2}{R_L} \mathrm{d}\omega_c t = \frac{U_c^2}{2R_L} \qquad (6\text{-}1\text{-}7)$$

在负载电阻 R_L 上，一个载波周期内调幅波消耗的功率为

$$P = \frac{1}{2\pi} \int_{-\pi}^{\pi} \frac{u_{\text{AM}}^2(t)}{R_L} \mathrm{d}\omega_c t = \frac{U_c^2}{2R_L}(1 + m \cos \Omega t)^2 = P_c(1 + m \cos \Omega t)^2 \qquad (6\text{-}1\text{-}8)$$

由此可见，P 是调制信号的函数，是随时间变化的。上、下边频的平均功率均为

$$P_{\text{边频}} = \frac{1}{2R_L} \frac{m U_c^2}{2} = \frac{m^2}{4} P_c \qquad (6\text{-}1\text{-}9)$$

AM 信号的平均功率

$$P_{av} = \frac{1}{2\pi} \int_{-\pi}^{\pi} P d\Omega t = P_c \left(1 + \frac{m^2}{2}\right) \qquad (6\text{-}1\text{-}10)$$

由上式可以看出，AM 波的平均功率为载波功率与两个边带功率之和。而两个边频功率与载波功率的比值为 $m^2/2$。当 100% 调制时（$m = 1$），边频功率为载波功率的 1/2，即只占整个调幅波功率的 1/3。当 m 值减小时，两者的比值将显著减小，边频功率所占比重更小。同时可以得到调幅波的最大功率和最小功率，它们分别对应的调制信号的最大值和最小值为

$$\begin{cases} P_{max} = P_c(1+m)^2 \\ P_{min} = P_c(1-m)^2 \end{cases} \qquad (6\text{-}1\text{-}11)$$

P_{max} 限定了用于调制的功放管的额定输出功率 P_H，要求 $P_H \geqslant P_{max}$。在普通的 AM 调制方式中，载频与边带一起发送，不携带调制信号分量的载频占去了 2/3 以上的功率，而带有信息的边频功率不到总功率的 1/3，功率浪费大，效率低。但它仍被广泛地应用于传统的无线电通信及无线电广播中，其主要的原因是设备简单，特别是 AM 波解调很简单，便于接收，而且与其他调制方式（如调频）相比，AM 占用的频带窄。

6.1.2 双边带信号特征

在调制过程中，将载波抑制就形成了抑制载波双边带信号，简称双边带信号。它可用载波与调制信号相乘得到，其表示式为

$$u_{DSB}(t) = kU_c U_\Omega \cos \Omega t \cos \omega_c t = g(t) \cos \omega_c t \qquad (6\text{-}1\text{-}11)$$

式中，$g(t)$ 是双边带信号的振幅，与调制信号成正比。与式（6-1-5）中的 $U_m(t)$ 不同，这里 $g(t)$ 可正可负。因此单频调制时的 DSB（双边带）信号波形如图 6-1-3（c）所示。

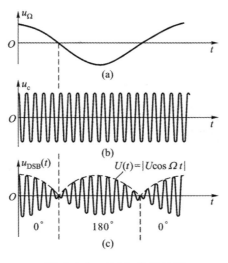

图 6-1-3 DSB 信号波形

严格地讲，DSB 信号已非单纯的振幅调制信号，而是既调幅又调相的信号。单频调制的 DSB 信号只有 $\omega_c + \Omega$ 及 $\omega_c - \Omega$ 两个频率分量，它的频谱相当于从 AM 波频谱图中将载频分量去掉后的频谱。由于 DSB 信号不含载波，它的全部功率为边带占有，所以发送的全部功率都载有消息，功率利用率高于 AM 信号。由于两个边带所含消息完全相同，故从消息传输角度看，发送一个边带的信号即可，这种方式称为单边带调制。

6.1.3　单边带信号特征

单边带（SSB）信号是由 DSB 信号经边带滤波器滤除一个边带，或在调制过程中，直接将一个边带抵消而成。单频调制时，$u_{\mathrm{DSB}} = k u_\Omega u_c$。当取上边带时

$$u_{\mathrm{SSB}}(t) = U \cos(\omega_c + \Omega)t \tag{6-1-12}$$

当取下边带时

$$u_{\mathrm{SSB}}(t) = U \cos(\omega_c - \Omega)t \tag{6-1-13}$$

从上两式看，单频调制时的 SSB 信号仍是等幅波，但它与原载波电压是不同的。SSB 信号的振幅与调制信号的幅度成正比，它的频率随调制信号频率的不同而不同，因此它含有消息特征。单边带信号的包络与调制信号的包络形状相同。在单频调制时，它们的包络都是一常数。图 6-1-4 所示为 SSB 信号的波形，图 6-1-5 所示为调制过程中的信号频谱。

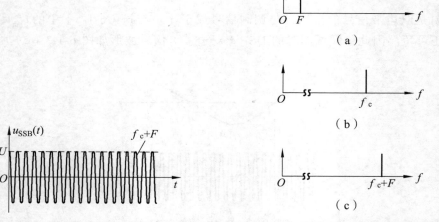

图 6-1-4　单频调制的 SSB 信号波形　　图 6-1-5　单边带调制时的频谱搬移

为了看清 SSB 信号波形的特点，下面分析双音调制时产生的 SSB 信号波形。为分析方便，设双音频振幅相等，即

$$u_\Omega(t) = U_\Omega \cos \Omega t + U_\Omega \cos \Omega_2 t \tag{6-1-14}$$

且 $\Omega_2 > \Omega_1$，则可以写成下式

$$u_\Omega(t) = 2U_\Omega \cos\left(\frac{1}{2}(\Omega_2 - \Omega_1)t\right)\cos\left(\frac{1}{2}(\Omega_2 + \Omega_1)t\right) \qquad (6\text{-}1\text{-}15)$$

受 u_Ω 调制的双边带信号为

$$u_{DSB}(t) = U_\Omega \cos\left(\frac{1}{2}(\Omega_2 - \Omega_1)t\right)\cos\left(\frac{1}{2}(\Omega_2 + \Omega_1)t\right)\cos\omega_c t \qquad (6\text{-}1\text{-}16)$$

从中任取一个边带，就是双音调制的 SSB 信号（见图 6-1-6）。取上边带：

$$u_{SSB} = \frac{U}{2}\cos\left[\frac{1}{2}(\Omega_2 - \Omega_1)t\right]\cos\left[\omega_c + \frac{1}{2}(\Omega_2 + \Omega_1)\right]t \qquad (6\text{-}1\text{-}17)$$

进一步展开：

$$u_{SSB} = \frac{U}{4}\cos(\omega_c + \Omega_1)t + \frac{U}{4}\cos(\omega_c + \Omega_2)t \qquad (6\text{-}1\text{-}18)$$

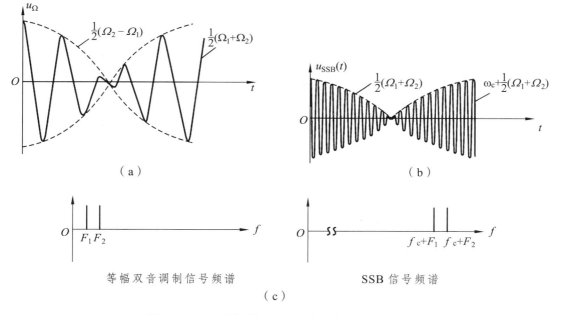

（a）　　　　　　　　　　　　　（b）

等幅双音调制信号频谱　　　　　　　SSB 信号频谱

（c）

图 6-1-6　双音调制时 SSB 信号的波形和频谱

由上面分析可以看出 SSB 信号有如下特点。

若将 $\left|2U_\Omega\cos[(\Omega_2 - \Omega_1)t/2]\right|$ 看成是调制信号的包络，$(\Omega_2 + \Omega_1)/2$ 为调制信号的填充频率，则 SSB 信号的包络与调制信号的包络形状相同，填充频率移动了 ω_c；双音调制时，每一个调制频率分量产生一个对应的单边带信号分量，它们间的关系和单音调制时一样，振幅之间成正比，频率则线性移动。单边带调制从本质上说是幅度和频率都随调制信号改变的调制方式。但是由于它产生的已调信号频率与调制信号频率间只是一个线性变换关

系（由 Ω 变至 $\omega_c + \Omega$ 或 $\omega_c - \Omega$ 的线性搬移），这一点与 AM 及 DSB 相似，因此通常把它归于振幅调制。SSB 调制方式在传送信息时，不但功率利用率高，而且它所占用频带为 $B_{SSB} \approx F_m$，比 AM、DSB 减少了一半，频带利用充分，目前已成为短波通信中一种重要的调制方式。

6.2 AM 调制电路

振幅调制电路可以分为高电平调幅电路和低电平调幅电路两类。高电平调幅电路利用 C 类谐振功放的调制特性，直接在发射极的功率放大级进行调幅。如许多广播发射机都采用这种调制，这种调制主要用于形成 AM 信号。低电平调幅电路则在发射极的前级利用非线性器件的乘法作用产生小功率的调幅信号，然后通过后级的线性功率放大器将信号放大到发射功率，DSB、SSB 信号均采用这种方式。

6.2.1 高电平调幅电路

高电平调制主要用于 AM 调制，这种调制是在高频功率放大器中进行的。通常分为基极调幅、集电极调幅，以及集电极-基极（或发射极）组合调幅。其基本工作原理就是利用改变某一电极的直流电压以控制集电极高频电流振幅。

集电极调制方式的电路如图 6-2-1 所示。它是一个 C 类放大器，载波信号从基极输入，集电极输出回路中有 Ⅱ 型滤波网络。基极馈电和集电极馈电均采用并联馈电方式。在集电极馈电回路中，调制信号通过变压器叠加到功率放大器晶体管的集电极，U_{CC0} 与 u_Ω 形成实际的集电极偏压，即

$$U_{CC}(t) = U_{CC0} + U_\Omega \cos \Omega t \qquad (6\text{-}2\text{-}1)$$

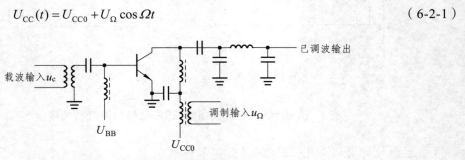

图 6-2-1　集电极调幅的原理电路

由功放的分析已知，当功率放大器工作于过压状态时，集电极电流的基波分量与集电极偏置电压呈线性关系。因此，要实现集电极调幅，应使放大器工作在过压状态。图 6-2-2（a）给出了集电极电流基波振幅 I_{c1} 随 U_{CC} 变化的曲线——集电极调幅时的静态调制特性，图 6-2-2（b）画出了集电极电流脉冲及基波分量的波形。

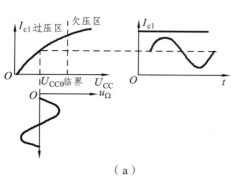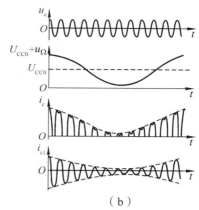

（a）　　　　　　　　　　　　　　　　　　（b）

图 6-2-2　集电极调幅的波形

　　集电极调幅电路的特点：由于晶体管工作在过压——临界状态，所以其效率比较高，但是需要的调制功率比较大。

　　另一种高电平调幅的方式是基极调制，原理电路如图 6-2-3 所示。它同样也是对 C 类放大器进行调制，但是调制信号从基极输入，U_{BB0} 与 u_Ω 形成实际的基极偏压，即

$$U_{BB}(t) = U_{BB0} + U_\Omega \cos \Omega t \qquad (6\text{-}2\text{-}2)$$

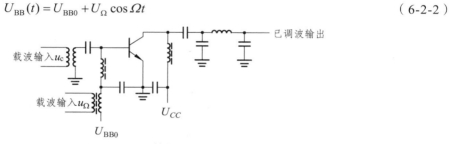

图 6-2-3　基极调幅的波形

　　基极调幅与谐振功放的区别是基极偏压随调制电压变化。在分析高频功放的基极调制特性时，已得出集电极电流基波分量振幅 I_c 随 U_{BB} 变化的曲线，这条曲线就是基极调幅的静态调制特性，如图 6-2-4 所示。如果 U_{BB} 随 u_Ω 变化，I_{c1} 将随之变化，从而得到已调幅信号。从调制特性看，为了使 I_{c1} 受 U_{BB} 的控制明显，放大器应工作在欠压状态。

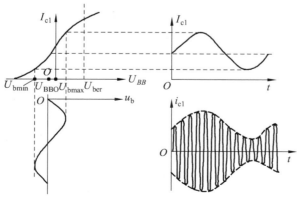

图 6-2-4　基极调幅的原理电路

由于基极电路电流小，消耗功率小，故所需调制信号功率很小，调制信号的放大电路比较简单，这是基极调幅的优点。但因其工作在欠压状态，集电极效率低是其一大缺点。一般只用于功率不大，对失真要求较低的发射机中。而集电极调幅效率较高，适用于较大功率的调幅发射机。

6.2.2 低电平调幅电路

要完成 AM 信号的低电平调制，可采用频谱线性搬移电路来实现。下面介绍几种实现方法。

1. 二极管电路

用单二极管电路和平衡二极管电路作为调制电路，都可以完成 AM 信号的产生，图 6-2-5（a）所示为单二极管调制电路。当 $U_c \gg U_\Omega$ 时，流过二极管的电流 i_D 的频谱图如图 6-2-5（b）所示。输出滤波器 $H(j\omega)$ 对载波 ω_c 调谐，带宽为 $2F$。这样最后的输出频率分量为 ω_c、$\omega_c + \Omega$ 和 $\omega_c - \Omega$，输出信号是 AM 信号。

对于二极管平衡调制器，令 $u_1 = u_c$，$u_2 = u_\Omega$，且有 $U_c \gg U_\Omega$，产生的已调信号也为 AM 信号，读者可自己加以分析。

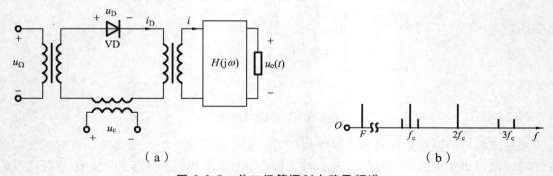

（a）　　　　　　　　　　　　　　（b）

图 6-2-5　单二极管调制电路及频谱

2. 利用模拟乘法器产生普通调幅波

模拟乘法器是以差分放大器为核心构成的。前面分析了差分电路的频谱线性搬移功能，对单差分电路，已得到双端差分输出的电流 i_o 与差分输入电压 u_A 和恒流源（受 u_B 控制）的关系。

$$i_o = I_0 \left(1 + \frac{u_B}{U_{EE}}\right) \tanh\left(\frac{u_A}{2U_T}\right) \tag{6-2-3}$$

若将 u_c 加至 u_A，u_Ω 加至 u_B，则有

$$i_o = I_0 \left(1 + \frac{U_\Omega}{U_{EE}}\cos\Omega t\right)\tanh\left(\frac{U_c}{2U_T}\cos\omega_c t\right)$$
$$= I_0(1 + m\cos\Omega t)[\beta_1(x)\cos\omega_c t + \beta_3(x)\cos 3\omega_c t + \beta_5(x)\cos 5\omega_c t + \cdots] \tag{6-2-4}$$

式中，$m = U_\Omega / U_{EE}$，$x = U_c / U_T$。若集电极滤波回路的中心频率 f_c，带宽为 $2F$，振阻抗为 R_L，则经滤波后的输出电压 u_o 为为一 AM 信号。

$$u_o = I_0 R_L \beta_1(x)(1 + m \cos \Omega t) \cos \omega_c t \qquad （6\text{-}2\text{-}5）$$

用双差分对电路或模拟乘法器也可得到 AM 信号，将调制信号叠加上直流成分，即可得 AM 信号输出，调节直流分量大小，即可调节调制度 m 值。

6.3　DSB 调制电路

DSB 信号的产生采用低电平调制。由于 DSB 信号将载波抑制，发送信号只包含两个带有信息的边带信号，因而其功率利用率较高。DSB 信号的获得，关键在于调制电路中的乘积项，故具有乘积项的电路均可作为 DSB 信号的调制电路。

6.3.1　二极管调制电路

单二极管电路只能产生 AM 信号，不能产生 DSB 信号。二极管平衡电路和二极管环形电路可以产生 DSB 信号。

图 6-3-1 是二极管平衡调制电路，$U_c \gg U_\Omega$，大信号工作，注意 u_Ω 和 u_c 的输入位置。输出变压器的次级电流 i_L 为

$$i_L = 2g_D K(\omega_c t) u_\Omega$$
$$= g_D U_\Omega \cos \Omega t + \frac{2}{\pi} g_D U_\Omega \cos(\omega_c + \Omega)t + \frac{2}{\pi} g_D U_\Omega \cos(\omega_c - \Omega)t - \qquad （6\text{-}3\text{-}1）$$
$$\frac{2}{3\pi} g_D U_\Omega \cos(3\omega_c + \Omega)t + \frac{2}{3\pi} g_D U_\Omega \cos(3\omega_c - \Omega)t + \cdots$$

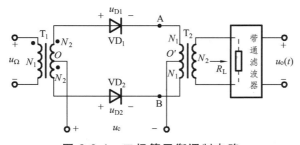

图 6-3-1　二极管平衡调制电路

i_L 中包含 F 分量和 $(2n+1)f_c \pm F$ 分量，$(n = 0, 1, 2, \cdots)$，若输出滤波器的中心频率为 f_c，带宽为 $2F$，谐振阻抗为 R_L，则输出电压为

$$u_o(t) = R_L \frac{2}{\pi} g_D U_\Omega \cos(\omega_c + \Omega)t + R_L \frac{2}{\pi} g_D U_\Omega \cos(\omega_c - \Omega)t$$
$$= 4U_\Omega \frac{R_L g_D}{\pi} \cos \Omega t \cos \omega_c t \qquad （6\text{-}3\text{-}1）$$

二极管平衡调制器采用平衡方式，将载波抑制掉，从而获得抑制载波的 DSB 信号。平衡调制器的波形如图 6-3-2 所示，加在 VD$_1$、VD$_2$ 上的电压仅音频信号 u_Ω 的相位不同（反相），故电流 i_1 和 i_2 仅音频包络反相。电流 i_1-i_2 的波形如图 6-3-2（c）所示。经高频变压器 T$_2$ 及带通滤波器滤除低频和 $3\omega_c + \Omega$ 等高频分量后，负载上得到 DSB 信号电压 $u_o(t)$，如图 6-3-2（d）所示。对平衡调制器的主要要求是调制线性好、载漏小（输出端的残留载波电压要小，一般应比有用边带信号低 20 dB 以上），同时希望调制效率高及阻抗匹配等。

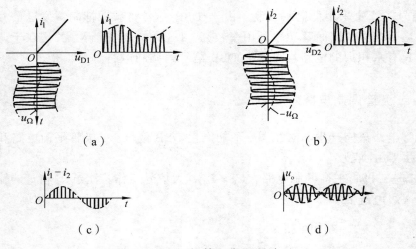

（a）　　　　　　　　　　　（b）

（c）　　　　　　　　　　　（d）

图 6-3-2　二极管平衡调制波形

为进一步减少组合分量，可采用双平衡调制器（环形调制器）。在 $u_1 = u_\Omega$，$u_2 = u_c$ 的情况下，双平衡调制器输出电流的表达式可表示为

$$i_L = 2g_D K'(\omega_c t) u_\Omega$$
$$= 2g_D \left(\frac{4}{\pi} \cos \omega_c t - \frac{4}{3\pi} \cos 3\omega_c t + \cdots \right) U_\Omega \cos \Omega t \qquad （6-3-2）$$

经滤波后，有

$$u_o = \frac{8}{\pi} R_L g_D U_\Omega \cos \Omega t \cos \omega_c t \qquad （6-3-3）$$

从而可得 DSB 信号，其电路和波形如图 6-3-3 所示。

在二极管平衡调制电路中，调制电压 u_Ω 与载波 u_c 的注入位置与所要完成的调制功能有密切的关系。u_Ω 加到 u_1 处，u_c 加到 u_2 处，可以得到 DSB 信号，但两个信号的位置相互交换后，只能得到 AM 信号，而不能得到 DSB 信号。但在双平衡电路中，u_c、u_Ω 可任意加到两个输入端，完成 DSB 调制。

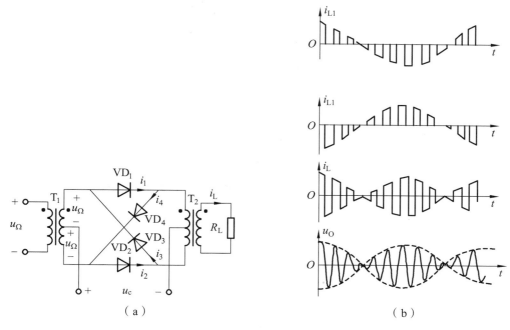

图 6-3-3　双平衡调制器电路及波形

6.3.2　差分对调制电路

在单差分电路中，将载波电压 u_c 加到线性通道，即 $u_B = u_c$，调制信号 u_Ω 加到非线性通道，即 $u_A = u_\Omega$，则双端输出电流 $i_o(t)$ 为

$$i_o(t) = I_0(1 + m\cos\omega_c t)\tanh\left(\frac{U_\Omega}{2U_T}\right)\cos\Omega t$$
$$= I_0(1 + m\cos\omega_c t)[\beta_1(x)\cos\Omega t + \beta_3(x)\cos 3\Omega t + \cdots] \qquad (6\text{-}3\text{-}4)$$

式中，$I_0 = U_{EE}/R_e$，$m = U_c/U_{EE}$，$x = U_\Omega/U_T$。经滤波后的输出电压 u_o 为

$$u_o(t) \approx I_0 R_L m\beta_1(x)\cos\Omega t\cos\omega_c t \qquad (6\text{-}3\text{-}5)$$

上式表明，u_Ω、u_c 采用与产生 AM 信号的相反方式加入电路，可以得到 DSB 信号。但由于 u_Ω 加在非线性通道，故出现了 $f_c \pm nF$ 分量，（$n = 3,5,\cdots$），它们是不易滤除的，这就是说，这种注入方式会产生包络失真。只有当 u_Ω 较小时，使 $\beta_3(x) \ll \beta_1(x)$，才能得到接近理想的 DSB 调制器的波形图。

单差分调制器虽然可以得到 DSB 信号，具有相乘器功能，但它并不是一个理想乘法器。首先，信号的注入必须是 $u_A = u_\Omega$，$u_B = u_c$，且对 u_Ω 的幅度提出了要求，U_Ω 值应小（例如，$U_\Omega < 26\,\text{mV}$），这限制了输入信号的动态范围；其次，要得到 DSB 信号，必须加接滤波器以滤除不必要的分量；必须双端差分输出，单端输出只能得到 AM 信号；最后，当输入信号为零时，输出并不为零，如 $u_B = 0$，则电路为一直流放大器，仍然有输出。采用双差分调制器，可以近似为一理想乘法器。前面已得到双差分对电路的差分输出电流为

89

$$i_o(t) = I_0 \tanh\left(\frac{u_A}{2U_T}\right) \tanh\left(\frac{u_B}{2U_T}\right) \quad\quad (6\text{-}3\text{-}6)$$

若 U_Ω、U_c 均很小，上式可近似为

$$i_o(t) \approx \frac{I_0}{4} \frac{1}{U_T^2} u_\Omega u_c \quad\quad (6\text{-}3\text{-}7)$$

等效为一模拟乘法器，不加滤波器就可得到 DSB 信号。由上面的分析可以看出，双差分对调制器克服了单差分对调制器大部分的缺点。例如，与信号加入方式无关，不需加滤波器，单端输出仍然可以获得 DSB 信号。唯一的要求是输入信号的幅度应受限制。

6.4 SSB 调制电路

单边带调幅信号只是双边带信号的一半，在模拟调制中的实现方法主要是滤波器。滤波器是很直接的方法。因为单边带的输出是双边带输出的一个边带，所以双边带输出经过一个边带滤波器直接取出需要的边带部分，就可以得到单边带信号。

然而，由于在高频端两个边带十分靠近，导致直接滤波难以在高频端实现。例如，载频为 20 MHz，调制频率为 1 kHz，则两个边频分别为 20.001 MHz 和 19.999 MHz，两个边频的相对频率间隔为 0.002/20 = 0.01%。若载频降低到 100 kHz，则相对频率间隔为 2%。显然这两种情况下对于滤波器的要求是大不相同的。所以，实际采用滤波器得到单边带信号的方案如图 6-4-1 所示，先在较低频率上实现 SSB 调制，再经过多次混频和滤波器，将载波频率升上去。升到发射频率后，通过线性功率放大器放大并发射。

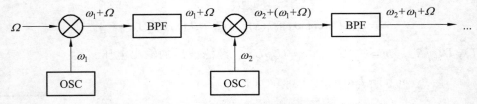

图 6-4-1 滤波法产生单边带调幅的原理

另一种单边带信号调制方法称为移相法。移相法的基本原理是基于三角公式

$$\cos\Omega t \cos\omega_c t + \sin\Omega t \sin\omega_c t = \cos(\omega_c - \Omega)t \quad\quad (6\text{-}4\text{-}1)$$

显然，只要将调制信号和载频信号均移相 90°，然后按照上式相乘后叠加，就可以得到单边带已调信号。但是要用模拟电路将一个包含连续频谱的调制信号准确地移相 90° 是一件比较困难的事情，所以很难用这个办法实现模拟方式的单边带调制。然而，如果调制信号的频谱是已知的（如数字信号）或者用数字手段移相，上述方法的实现将十分容易，所以在数字信号的调制中这是一个最常见的调制手段。将移相与滤波结合，可以有效实现单边带调制。

6.5 包络检波电路

振幅解调又称为检波。无论哪种振幅调制信号都与调制信号与载波的乘积有关。在解调振幅调制信号时总可以将已调波和载波通过乘法器完成频谱变换，然后用滤波器将原来的调制信号取出。这种解调方式称为同步检波，又称相干检波，它适用于所有类型的振幅波解调。

由于普通调幅信号中已经包含有载波分量，因此可以直接通过非线性器件实现相乘作用，完成解调。这一类解调方式称为包络检波，它只适用于普通调幅波的解调。

6.5.1 二极管包络峰值检波

包络检波可以用二极管实现，也可以用晶体管实现。按照接法的不同，分为几种不同的工作模式，最常见的是大信号峰值包络检波电路，除此之外还有并联检波等其他形式的包络检波电路。

大信号峰值包络检波的电路如图 6-5-1 所示，它由二极管 D 和低通滤波器 R_L、C 构成，其时间常数满足以下条件

$$\frac{1}{\omega_c C} \ll R_L, \quad \frac{1}{\Omega C} \gg R_L \tag{6-5-1}$$

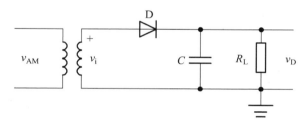

图 6-5-1　大信号峰值包络检波电路

二极管通常选用导通电压小、r_D 小的锗管。RC 电路有两个作用：一是作为检波器的负载，在其两端产生调制频率电压；二是起到高频电流的旁路作用。式中，ω_c 为输入信号的载频，在超外差接收机中则为中频 ω_I；Ω 为调制频率。在理想情况下，RC 网络的阻抗 Z 应为

$$Z(\omega_c) = 0, \quad Z(\Omega) = R_L \tag{6-5-2}$$

对高频电容 C 短路；对直流及低频，电容 C 开路，此时负载为 R_L。在这种检波器中，信号源、非线性器件二极管及 RC 网络三者为串联。该检波器工作于大信号状态，输入信号电压应大于 0.5 V，通常在 1 V 左右。故这种检波器的全称为二极管串联型大信号峰值包络检波器。这种电路也可以工作在输入电压小的情况下，由于工作状态不同，不再属于峰值包络检波器范围，而称为小信号检波器。

图 6-5-1 电路的包络检波作用可以用二极管的单向导电性进行定性分析。假设 v_i 大于二极管的导通电压（通常要求 v_i 在 1 V 左右）。当 v_i 为正时，二极管 D 正向导通。由于 D 导通内阻很低，因此电容 C 上的电压被很快充电到接近 v_i，随后，输入 v_i 下降，当 v_i 低于

91

电容上的电压时，二极管反偏，此时电容通过 R_L 放电。由于 R_LC 时间常数很大，因此放电速度较慢，此放电过程持续到输入电压大于电容上的电压时，又重复充电过程。由于充放电时间常数相差悬殊，因此电容上的电压接近于输入电压的峰值，最后的输出波形接近输入电压波形的包络。图 6-5-2 所示为上述过程的示意图，为了显示清晰，图中对电容的充放电过程作了夸张处理。

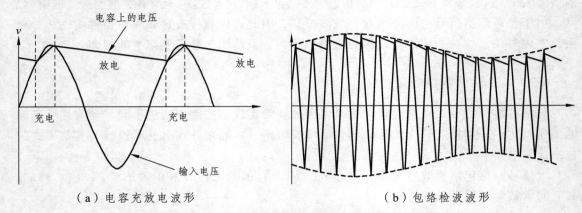

（a）电容充放电波形　　　　　　　　　（b）包络检波波形

图 6-5-2　大信号峰值包络检波电路的电压波形

由于 v_i 较大，二极管的伏安特性可以用折线近似

$$i_D = \begin{cases} g_D(v_D - V_{D(on)}), & v_D > V_{D(on)} \\ 0, & v_D < V_{D(on)} \end{cases} \tag{6-5-3}$$

其中，g_D 是二极管的正向电导，$g_D = 1/r_D$。

由图 6-5-2 可见，二极管只在输入电压最高点附件一个很小的范围内导通。假设输入电压为 $V_{im}\cos\omega t$，近似认为晶体管在 $\pm\theta$ 相位内导通，如图 6-5-3 所示，可写出流过二极管电流的峰值为

$$I_{Dm} = g_D(V_{im} - V_{D(on)}) = g_D(V_{im} - V_{im}\cos\theta) \tag{6-5-4}$$

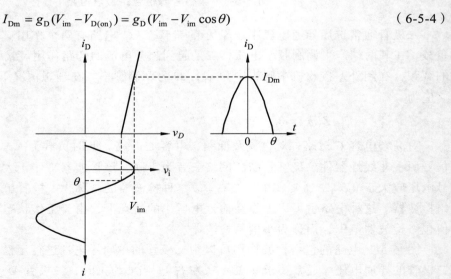

图 6-5-3　大信号峰值包络检波电路的电流波形

所以，流过二极管的电流是导通角为θ的尖顶余弦脉冲，其平均电流（即直流分量）为

$$\bar{i}_D = I_{Dm}\alpha_0(\theta) = g_D(V_{im} - V_{im}\cos\theta)\frac{\sin\theta - \theta\cos\theta}{\pi(1-\cos\theta)}$$

$$= \frac{g_D V_{im}}{\pi}(\sin\theta - \theta\cos\theta) \tag{6-5-5}$$

由于$\Omega \ll \omega_c$，对于输入的已调信号而言，输出信号几乎就是直流，因此可以认为i_D的平均分量就是检波后的输出，于是

$$V_o = \bar{i}_D R_L = \frac{g_D V_{im} R_L}{\pi}(\sin\theta - \theta\cos\theta) \tag{6-5-6}$$

但从图 6-5-2 可见，若二极管导通后对电容充电时间极短，则输出的平均电压近似为二极管导通时刻的电压，即

$$V_o = V_{im}\cos\theta \tag{6-5-7}$$

联立式（6-5-6）和式（6-5-7），有

$$\frac{\sin\theta - \theta\cos\theta}{\cos\theta} = \tan\theta - \theta = \frac{\pi}{g_D R_L} \tag{6-5-7}$$

当θ较小时，$\tan\theta \approx \theta + \theta^3/3$，所以$\theta$近似为一常数：

$$\theta \approx \sqrt[3]{\frac{3\pi}{g_D R_L}} \tag{6-5-8}$$

由于普通调幅波的峰值电压$V_{im} = V_c(1 + m_a\cos\Omega t) = V_c + k_a V_\Omega\cos\Omega t$。而由于$\theta$近似为一个常数，根据式（6-5-7），$V_o$与$V_{im}$近似为线性关系，所以大信号峰值包络检波电路具有很好的线性检波作用，其输出电压为

$$V_o = V_{im}\cos\theta = \eta_D(V_c + k_a V_\Omega\cos\Omega t) \tag{6-5-9}$$

其中$\eta_D = \cos\theta = \dfrac{V_o}{V_{im}}$是大信号峰值包络检波电路的检波效率。

当θ趋于 0 时，η_D趋于 1，所以大信号峰值包络检波具有较高的效率。又根据θ与$g_D R_L$的 3 次方根成反比，所以加大$g_D R_L$有利于提高效率。通常$g_D R_L > 50$以后，$\eta_D \approx 0.9$。在接收机电路中，二极管检波电路往往作为中频放大器的负载。实际设计时还需要了解输入电阻的大小，可以通过功率关系求得大信号峰值包络检波电路的输入电阻。

假设检波电路的输入电阻为R_i，其负载电阻为R_L，则高频输入功率

$$P_{AM} = \frac{V_{im}^2}{2R_i} \tag{6-5-10}$$

输出功率为

$$P_o = \frac{V_o^2}{R_L} \tag{6-5-11}$$

当 $g_D R_L \gg 3\pi \approx 10$ 时，θ 很小，可认为二极管上的损耗很小，大部分能量都消耗在 R_L 上。根据能量守恒定律，在此条件下应该有 $P_o \approx P_{AM}$，所以输入电阻为

$$R_i \approx \frac{R_L}{2} \tag{6-5-12}$$

由于大信号峰值包络检波电路具有线性好、效率高、电路简单等特点，因此在调幅接收机中得到大量应用。

6.5.2　检波器的失真

若设计不当，大信号峰值包络检波电路会出现一些严重的失真。常见的情况有两种：惰性失真和低部切割失真。

惰性失真的波形如图 6-5-4 所示。引起此失真的原因是由于电路中低通滤波器的 RC 时间常数过大，导致输出波形不能够随输入包络的下降及时下降。调幅信号的包络就是输入信号峰值，为 $V_{im}(t) = V_c(1 + m_a \cos \Omega t)$，其斜率为

$$\frac{\partial V_{im}(t)}{\partial t} = -m_a V_c \Omega \sin \Omega t \tag{6-5-13}$$

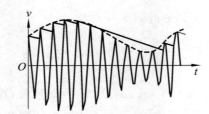

图 6-5-4　大信号峰值包络检波电路的惰性失真

由图 6-5-4 可知，若要求不产生惰性失真，则电容放电的斜率必须始终小于信号包络的斜率。由于电容上的实际电压接近输入信号峰值，且放电时间很短，所以近似认为放电开始时电容上的电压等于输入信号峰值 V_{im}，放电斜率恒等于 $t = 0$ 的斜率。根据以上分析，电容放电的斜率为

$$\frac{\partial}{\partial t}\left[V_{im}e^{-\frac{t}{R_L C}}\right]\Bigg|_{t=0} = -\frac{1}{R_L C}V_{im} = -\frac{1}{R_L C}V_c(1 + m_a \cos \Omega t) \tag{6-5-14}$$

由此得到不失真条件为

$$-\frac{1}{R_L C}V_c(1 + m_a \cos \Omega t) \leqslant -m_a V_c \Omega \sin \Omega t \tag{6-5-15}$$

式（6-5-15）可写成

$$R_L C \leqslant \frac{(1 + m_a \cos \Omega t)}{\Omega m_a \sin \Omega t} \tag{6-5-16}$$

此式右边有极小值的条件为 $\cos\Omega t = -m_a$ ，所以不失真条件为

$$R_L C \leqslant \frac{\sqrt{1-m_a^2}}{\Omega m_a} \qquad (6\text{-}5\text{-}17)$$

实际电路中，需考虑调制度和调制信号角频率的变化，最坏情况发生在调制度 m_a 和调制信号角频率 Ω 均为最大值的时刻，所以实际电路中不存在惰性失真的条件为

$$R_L C \leqslant \frac{\sqrt{1-m_{a\,max}^2}}{\Omega_{max} m_{a\,max}} \qquad (6\text{-}5\text{-}18)$$

底部切割失真发生在检波电路的输出通过电容耦合方式向负载传输信号的电路中，设计不当会引起输出波形底部被切割。电路与波形如图 6-5-5 所示。

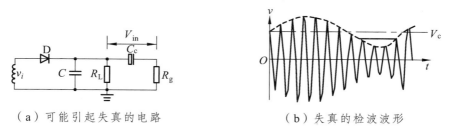

（a）可能引起失真的电路 　　　　（b）失真的检波波形

图 6-5-5　大信号峰值包络检波电路的底部切割失真

分析上述电路，电容 C 上的电压大致等于已调波电压的峰值，也就是它的包络。由于 C_c 要耦合频率很低的调制信号，所以具有较大的容量，可以认为 C_c 上的电压基本上等于电容 C 上的电压的平均值，也就是载波电压的峰值 V_c 。前面的分析表明，二极管检波电路对于电容的充电只在一个很短暂的时间进行，其余大部分时间二极管处于截止状态。在这段时间内，C_c 上的电压将在两个电路 R_L 和 R_g 之间分配（对于调制信号而言，C 的阻抗很大，可以忽略不计），所以在 R_L 两端的直流电压为

$$V_{RL} = V_c \frac{R_L}{R_L + R_g} \qquad (6\text{-}5\text{-}18)$$

其方向是上正下负。显然，如果在一个信号周期中，有一段时间这个电压大于输入电压 v_i ，二极管在这段时间不可能导通，输出就会出现切割失真。要避免出现底部切割失真，就要使 R_L 两端的直流电压始终小于输入电压。由于输入电压的最小值 $v_{i\,min} = V_c(1-m_a)$ ，所以避免出现底部切割失真的条件是

$$V_c \frac{R_L}{R_L + R_g} < V_c(1-m_a) \qquad (6\text{-}5\text{-}19)$$

或者写成

$$1 - \frac{R_L}{R_L + R_g} = \frac{R_g}{R_L + R_g} = \frac{R_L /\!/ R_g}{R_L} > m_a \qquad (6\text{-}5\text{-}20)$$

95

也就是检波电路对于调制信号 v_Ω 的交流负载电阻与直流负载电阻之比要大于信号的调制度。

6.5.3 其他包络检波电路

大信号峰值包络检波电路是最常见的普通 AM 波的解调电路。除此之外，还有一些其他形式的包络检波电路，下面对此做一些简单介绍。

1. 二极管并联检波电路

二极管并联检波电路如图 6-5-6 所示。其工作原理是：当 v_i 为负时，二极管 D 导通，电容 C 上的电压最后被充电到近似于 v_i 的峰值电压，方向左负右正。当 v_i 为正时，二极管 D 截止，电容 C 上的电压与 v_i 叠加后加在 R_L 上。所以在 R_L 上的峰值电压等于输入电压的 2 倍。

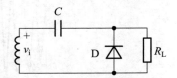

图 6-5-6 二极管并联检波电路

2. 晶体管检波电路

晶体管检波电路如图 6-5-7 所示，其结构与通常的放大器基本一致，只是输出端接有低通滤波器。晶体管检波电路可以有两种工作状态：大信号峰值包络检波状态和小信号平方率检波状态。

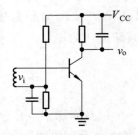

图 6-5-7 晶体管检波电路

图 6-5-8 是这两种状态的工作点与输入输出波形示意图。若晶体管工作点很低而输入信号又较大，则它工作在大信号检波状态。此时输入电压可以驱动晶体管进入截止状态，所以输出就是输入电压的峰值包络。显然此情况与二极管峰值包络检波是一致的。若输入信号幅度较小而晶体管工作点又取得较高，则在整个输入信号周期内晶体管均处于导通状态。此时，由于晶体管的非线性作用，输出电流可以展开为

$$I_c = a_0 + a_1 V_{cm} \cos \omega_c t + a_2 V_{cm}^2 \cos^2 \omega_c t + \cdots \qquad (6\text{-}5\text{-}21)$$

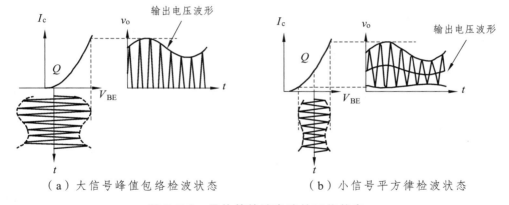

（a）大信号峰值包络检波状态　　　　　　（b）小信号平方律检波状态

图 6-5-9　晶体管检波电路的工作状态

由于晶体管输出端的滤波网络对于载波频率起到平均作用，所以有

$$i_o = \overline{I_c} = \frac{1}{2\pi} \int_{-\pi}^{\pi} I_c(\omega_c t) \mathrm{d}(\omega_c t) \approx a_0 + \frac{1}{2} a_2 V_{cm}^2$$

$$= a_0 + \frac{1}{2} a_2 V_c^2 (1 + m_a \cos \Omega t)^2$$

$$= \left[a_0 + \frac{1}{2} a_2 V_c^2 \left(1 + \frac{1}{2} m_a^2 \right)^2 \right] + a_2 V_c^2 m_a \cos \Omega t + \frac{1}{4} a_2 V_c^2 m_a^2 \cos 2\Omega t \quad （6\text{-}5\text{-}22）$$

其中第二项就是需要的解调输出信号。因此项输出是由于晶体管非线性的平方项产生的，所以称为平方律检波。此状态的优点是可以解调幅度很小的信号，缺点是失真较大。即使不考虑高阶项，输出的二次谐波与基波信号的比值也达到 $m_a/4$。对于 30%的调制度来说，大约有 7.5%的二次谐波失真。

6.6　同步检波电路

在振幅解调中，同步检波一般用来解调 DSB 和 SSB 信号。同步检波分为乘积型和叠加型两种方式，这两种检波方式都需要接收端恢复载波支持，恢复载波性能的好坏，直接关系到接收机解调性能的优劣。

6.6.1　乘积型同步检波电路

乘积型同步检波电路原理图如图 6-6-1 所示，它由一个相乘单元和一个低通滤波器组成。其中 v_i 是输入的 DSB 或 SSB 信号，v_r 是一个与载波同步的参考信号。

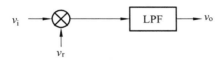

图 6-6-1　乘积型同步检波电路的原理图

对于 DSB 输入的情况，DSB 信号为 $v_{\mathrm{DSB}} = m_{\mathrm{a}}V_{\mathrm{c}}\cos\Omega t\cos\omega_{\mathrm{c}}t$。假设参考信号为 $v_{\mathrm{r}} = V_{\mathrm{r}}\cos(\omega_{\mathrm{r}}t+\varphi_{\mathrm{r}})$，则它们的乘积为

$$
\begin{aligned}
v_{\mathrm{DSB}}\cdot v_{\mathrm{r}} &= m_{\mathrm{a}}V_{\mathrm{c}}V_{\mathrm{r}}\cos\Omega t\cdot\cos\omega_{\mathrm{c}}t\cdot\cos(\omega_{\mathrm{r}}t+\varphi_{\mathrm{r}})\\
&= \frac{1}{2}m_{\mathrm{a}}V_{\mathrm{c}}V_{\mathrm{r}}\cos\Omega t\cdot\{\cos[(\omega_{\mathrm{c}}-\omega_{\mathrm{r}})t+\varphi_{\mathrm{r}}]+\cos[(\omega_{\mathrm{c}}+\omega_{\mathrm{r}})t+\varphi_{\mathrm{r}}]\}
\end{aligned}
\tag{6-6-1}
$$

显然，若参考电压完全与载波同步，即 $\omega_{\mathrm{r}}=\omega_{\mathrm{c}}$，$\varphi_{\mathrm{r}}=0$。则上式变为

$$
v_{\mathrm{DSB}}\cdot v_{\mathrm{r}} = \frac{1}{2}m_{\mathrm{a}}V_{\mathrm{c}}V_{\mathrm{r}}\cos\Omega t + \frac{1}{2}m_{\mathrm{a}}V_{\mathrm{c}}V_{\mathrm{r}}\cos\Omega t\cdot\cos2\omega_{\mathrm{c}}t
\tag{6-6-2}
$$

其中第一项就是我们需要的解调输出，而第二项的频率远高于第一项，很容易被低通滤波器滤除。对于 SSB 输入的情况，$v_{\mathrm{SSB}} = \frac{1}{2}m_{\mathrm{a}}V_{\mathrm{c}}\cos(\omega_{\mathrm{c}}+\Omega)t$，所以乘积为

$$
\begin{aligned}
v_{\mathrm{SSB}}\cdot v_{\mathrm{r}} &= \frac{1}{2}m_{\mathrm{a}}V_{\mathrm{c}}V_{\mathrm{r}}\cos(\omega_{\mathrm{c}}+\Omega)t\cdot\cos(\omega_{\mathrm{r}}t+\varphi_{\mathrm{r}})\\
&= \frac{1}{4}m_{\mathrm{a}}V_{\mathrm{c}}V_{\mathrm{r}}\cos[(\omega_{\mathrm{c}}-\omega_{\mathrm{r}}+\Omega)t+\varphi_{\mathrm{r}}]+\cos[(\omega_{\mathrm{c}}+\omega_{\mathrm{r}}+\Omega)t+\varphi_{\mathrm{r}}]
\end{aligned}
\tag{6-6-3}
$$

同样，在参考电压完全与载波同步的条件下，经过低通滤波器的输出就是解调后的信号。在同步解调中若参考电压不能完全与载波同步，譬如频率稍有差异或相位稍有差异，则输出的解调信号将不能完全与原来的信号相同。所以同步解调的关键是同步信号的获取。对于 DSB 信号，同步信号可以从接收信号中获取，其方法称为平方法。平方法的原理框图如图 6-6-2 所示。

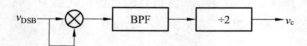

$$v_{\mathrm{DSB}} \rightarrow \otimes \rightarrow \boxed{\text{BPF}} \rightarrow \boxed{\div 2} \rightarrow v_{\mathrm{c}}$$

图 6-6-2　平方法获得 DSB 信号中的载波

假设 $v_{\mathrm{DSB}} = m_{\mathrm{a}}V_{\mathrm{c}}V_{\Omega}\cos(\omega_{\mathrm{c}}t+\varphi)\cdot\cos\Omega t$，则可以得到如下公式

$$
\begin{aligned}
v_{\mathrm{DSB}}^2 &= m_{\mathrm{a}}^2V_{\mathrm{c}}^2V_{\Omega}^2\cos^2(\omega_{\mathrm{c}}t+\varphi)\cdot\cos^2\Omega t\\
&= m_{\mathrm{a}}^2V_{\mathrm{c}}^2V_{\Omega}^2\left[\frac{1}{4}+\frac{1}{4}\cos2(\omega_{\mathrm{c}}t+\varphi)+\frac{1}{4}\cos2\Omega t+\frac{1}{4}\cos2(\omega_{\mathrm{c}}t+\varphi)\cos2\Omega t\right]
\end{aligned}
\tag{6-6-4}
$$

可见其中包含载波 $\cos(\omega_{\mathrm{c}}t+\varphi)$ 的倍频成分。若能够通过窄带带通滤波器取出此成分再进行分频处理，就可以得到原始的载频信号。对于 SSB 信号来说，无法直接从接收信号中获取载频，所以常常采用发射导频信号的方法。发送一个频率 2 倍于载频的信号，在接收端通过带通滤波器截取此导频信号后进行分频，还原出原始载频信号后再进行解调。

6.6.2　叠加型同步检波电路

叠加型同步检波电路的原理图如图 6-6-3 所示，输入信号与参考信号叠加后进行包络

检波。由于 DSB 信号叠加足够幅度的载频信号后就是普通 AM 信号，所以叠加型同步检波电路解调 DSB 信号的电路几乎与普通 AM 信号的检波电路完全一致。对于 SSB 信号，情况则不同。假定接收的 SSB 信号为 $v_{SSB} = V_c \cos(\omega_c t + \Omega t)$，并假设参考信号的频率等于载波频率，参考信号为 $v_r = V_r \cos \omega_c t$（由于包络检波对信号的相位不敏感，所以可以不考虑参考信号的相位）。这两个信号都可以用矢量表示。若以参考信号的矢量方向作为坐标参考方向，则 SSB 信号与坐标参考方向之间的夹角为 Ωt。所以可以用图 6-6-4 所示的矢量图来表示这两个信号的叠加关系。

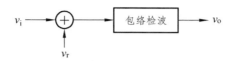

图 6-6-3　叠加型同步检波电路的原理图

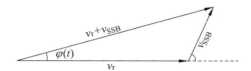

图 6-6-4　叠加型同步检波电路解调 SSB 信号时的矢量关系

令合成矢量 $v_r + v_{SSB}$ 的模为 V_m，则根据上述矢量图可写出

$$V_m(t) = \sqrt{(V_r + V_c \cos \Omega t)^2 + (V_c \sin \Omega t)^2} = V \sqrt{1 + 2\left(\frac{V_c}{V_r}\right)\cos \Omega t + \left(\frac{V_c}{V_r}\right)^2} \quad （6\text{-}6\text{-}5）$$

若满足 $V_r \gg V_c$，则上式中最后一项可以忽略。将剩余的两项用幂级数展开并取得二次项，有

$$V_m(t) \approx V_r \sqrt{1 + 2\left(\frac{V_c}{V_r}\right)\cos \Omega t} \approx V_r \left[1 + \left(\frac{V_c}{V_r}\right)\cos \Omega t - \frac{1}{2}\left(\frac{V_c}{V_r}\right)^2 \cos^2 \Omega t\right] \quad （6\text{-}6\text{-}6）$$

显然其中包含调制信号 $V_c \cos \Omega t$ 的成分。但上式也表明，输出包含调制频率的二倍频成分。为了消除这个成分，可以采用平衡检波的方式，抵消二次谐波。

思考题与习题

（1）简要说明普通调幅波、双边带调幅波和单边带调幅波的区别。

（2）相干解调电路和非相干解调电路的主要区别是什么？为什么普通 AM 信号一般都采用非相干交调，而 DSB 信号和 SSB 信号一般都采用相干解调？

（3）二极管包络检波有两种方式：小信号平方率检波与大信号峰值检波。简要说明这两种检波方式在工作原理及信号失真方面的区别。

（4）图 6-7-1 所示为采用相移滤波法的单边带信号调制电路。试求输出信号的表达式，简要说明工作原理并说明载波角频率 ω_c 与 ω_1、ω_2 之间的关系。

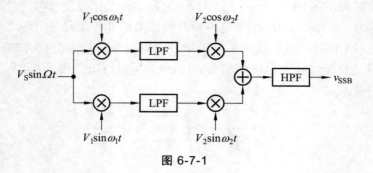

图 6-7-1

（5）图 6-7-2 所示为二极管平衡调制电路，正常的接法是 v_1 为调制信号且为小信号，v_2 为载波信号且为大信号，BPF 只能通过 ω_c 附近的信号。若将信号接错，即 v_1 为载波信号且为小信号，v_2 为调制信号且为大信号，则输出信号如何？

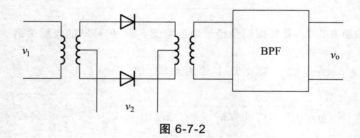

图 6-7-2

6. 图 6-7-3 所示电路称为倍压检波电路，因其检波输出电压大约等于输入电压峰值的两倍而得名。试画出输入电压、A 点电压及输出电压波形，并说明电路原理。

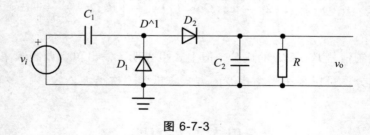

图 6-7-3

第7章 角度调制与解调

角度调制使载波的频率或相位随调制信号改变。若已调波的瞬时频率与调制信号呈线性关系，则称为调频。若已调波的瞬时相位与调制信号呈线性关系，则称为调相。无论调频还是调相，实际上都是已调波矢量的相位角的变化，所以调频波和调相波统称为调角波。

本章主要介绍模拟调制与解调中的角度调制与解调的基本原理、典型电路和分析方法。

7.1 角度调制的信号特征

7.1.1 调频信号分析

设调制信号为单一频率信号 $u_\Omega(t) = U_\Omega \cos \Omega t$，未调载波电压为 $u_c(t) = U_c \cos \omega_c t$，则根据频率调制的定义，调频信号的瞬时角频率为

$$\omega(t) = \omega_c + \Delta\omega = \omega_c + k_f u_\Omega(t) = \omega_c + \Delta\omega_m \cos \Omega t \tag{7-1-1}$$

它是在 ω_c 的基础上，增加了与 $u_\Omega(t)$ 成正比的频率偏移，式中 k_f 为比例常数。$\Delta\omega_m = k_f U_\Omega$ 是最大频偏。

调频信号的瞬时相位 $\phi(t)$ 是瞬时角频率 $\omega(t)$ 对时间的积分，即

$$\phi(t) = \int_0^t \omega(\tau)\mathrm{d}\tau + \phi_0 \tag{7-1-2}$$

式中，ϕ_0 为信号的起始角频率。为了分析方便，不妨设 $\phi_0 = 0$，则上式变为

$$\begin{aligned}\phi(t) &= \int_0^t \omega(\tau)\mathrm{d}\tau = \omega_c t + k_f \int_0^t U_\Omega \cos(\Omega\tau)\mathrm{d}\tau = \omega_c t + \frac{\Delta\omega_m}{\Omega}\sin\Omega t \\ &= \omega_c t + m_f \sin\Omega t = \phi_c + \Delta\phi(t)\end{aligned} \tag{7-1-3}$$

式中 $\Delta\phi(t) = k_f \int_0^t U_\Omega \cos(\Omega\tau)\mathrm{d}\tau = \frac{\Delta\omega_m}{\Omega}\sin\Omega t = m_f \sin\Omega t$ 为瞬时相偏，$m_f = \Delta\omega_m/\Omega$ 为调频指数。可得 FM 波的表示式为

$$u_{FM}(t) = U_c \cos\left(\omega_c t + \frac{\Delta\omega_m}{\Omega}\sin\Omega t\right) = U_c \cos(\omega_c t + m_f \sin\Omega t) \tag{7-1-4}$$

图 7-1-1 所示为单一频率调制信号时，调频信号的瞬时频率、瞬时相位波形及调频信号的波形图。调频信号的瞬时频率与调制信号呈线性关系，调频信号的瞬时相位与调制信号的

积分呈线性关系。当 $u_\Omega(t)$ 最大时，$\omega(t)$ 也最高，波形密集；当 $u_\Omega(t)$ 为负峰时，频率最低，波形最疏。因此调频波是波形疏密变化的等幅波。

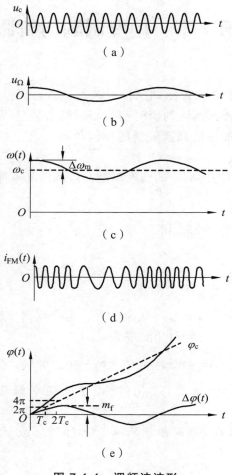

图 7-1-1　调频波波形

在调频波表示式中，有 3 个频率参数：ω_c、$\Delta\omega_m$ 和 Ω。ω_c 为载波角频率，它是没有受调时的载波角频率。Ω 是调制信号角频率，它反映了受调制的信号的瞬时频率变化的快慢。$\Delta\omega_m$ 是相对于载频的最大角频偏（峰值角频偏），与之对应的 $\Delta f_m = \Delta\omega_m/2\pi$ 称为最大频偏，同时它也反映了瞬时频率摆动的幅度，即瞬时频率变化范围，为 $(f_c - \Delta f_m) \sim (f_c + \Delta f_m)$，最大变化值为 $2\Delta f_m$。在频率调制方式中，$\Delta\omega_m$ 是衡量信号频率受调制程度的重要参数，也是衡量调频信号质量的重要指标。比如常用的调频广播，其最大频偏定为 75 kHz，就是一个重要的指标。一般情况下，$\Omega \ll \omega_c$，$\Delta\omega_m \ll \omega_c$。$\Delta\omega_m = k_f U_\Omega$，$k_f$ 是比例常数，表示 U_Ω 对最大角频偏的控制能力，它是单位调制电压产生的频率偏移量，是产生 FM 信号电路的一个重要参数。调频波的调制指数 $m_f = \Delta\omega_m/\Omega = \Delta f_m/F$ 是调频信号的一个重要参数，它是调频波与未调频载波的最大相位差。m_f 与 U_Ω 成正比，与 Ω 成反比。在调频系统中，m_f 不仅可以大于 1，而且通常远远大于 1。

将式（7-1-4）展开成正交形式，有

$$u_{FM}(t) = U_c \cos(\omega_c t + m_f \sin \Omega t)$$
$$= U_c \cos(m_f \sin \Omega t)\cos \omega_c t - U_c \sin(m_f \sin \Omega t)\sin \omega_c t \qquad (7-1-5)$$

式中，同相分量 $\cos \omega_c t$ 的振幅 $\cos(m_f \sin \Omega t)$ 和正交分量 $\sin \omega_c t$ 的振幅 $\sin(m_f \sin \Omega t)$ 均是 $\sin \Omega t$ 的函数，因而也是周期性函数，其周期与调制信号的周期相同，因此可以展开为傅立叶级数，分别为

$$\begin{cases} \cos(m_f \sin \Omega t) = J_0(m_f) + 2\sum_{n=1}^{\infty} J_{2n}(m_f)\cos 2n\Omega t \\ \sin(m_f \sin \Omega t) = 2\sum_{n=1}^{\infty} J_{2n-1}(m_f)\cos(2n-1)\Omega t \end{cases} \qquad (7-1-6)$$

式中，$J_n(m_f)$ 是系数为 m_f 的 n 阶第一类贝塞尔函数，它随 m_f 变化的曲线如图 7-1-2 所示，并具有以下特性

$$J_{-n}(x) = (-1)^n J_n(x) \qquad (7-1-7)$$

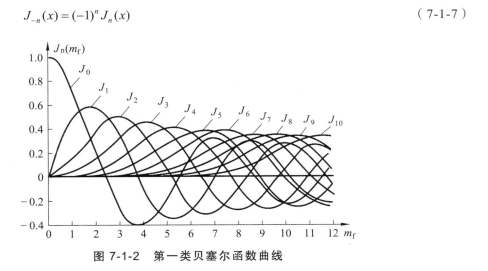

图 7-1-2 第一类贝塞尔函数曲线

在图 7-1-2 中，除了 $J_0(m_f)$ 外，在 $m_f = 0$ 的其他各阶函数值都为零。这意味着，当没有角度调制时，除了载波外，不含有其他频率分量。所有贝塞尔函数都是正负交替变化的非周期函数，在 m_f 的某些值上，函数值为零。与此对应，在某些确定的 $\Delta\Phi_m$ 值，对应的频率分量为零。

将式（7-1-6）带入式（7-1-5）得到

$$u_{FM}(t) = U_c \sum_{n=-\infty}^{\infty} J_n(m_f)\cos(\omega_c + n\Omega)t \qquad (7-1-7)$$

由上式可知，调频波是由载波 ω_c 与无数边频 $\omega_c + n\Omega$ 组成，这些边频对称地分布在载频两边，其幅度决定于调制指数 m_f。这些边频的相位由其位置（边频次数 n）和 $J_n(m_f)$ 确定。m_f 变化，调频信号的频谱也随之发生变化（各频率分量的幅值相对变化），这是调频

信号的一大特点。由公式 $m_f = \Delta\omega_m/\Omega = \Delta f_m/F$ 可知，m_f 既取决于调频的频偏 Δf_m（它与调制电压幅度 U_Ω 成正比），又取决于调制频率 F。

图 7-1-3 是不同 m_f 时调频信号的振幅频谱，它对应两种情况：图 7-1-3（a）所示为改变 Δf_m 而保持 F 不变时的频谱；图 7-1-3（b）所示为保持 Δf_m 不变，而改变 F 时的频谱。通过对比两图，发现 m_f 相同时，其频谱的包络形状是相同的。由图 7-1-2 的函数曲线可以看出，当 m_f 一定时，并不是 n 越大，$J_n(m_f)$ 值越小，因此一般说来，并不是边频次数越高，$\pm(n\Omega)$ 分量幅度越小。这从图 7-1-3 上可以证实。只是在 m_f 较小（m_f 约小于 1）时，边频分量随 n 增大而减小。对于 m_f 大于 1 的情况，有些边频分量幅度会增大，只有更远的边频幅度才又减小，这是由贝塞尔函数总的衰减趋势决定的。图 7-1-3（a）中，m_f 是靠增加频偏 Δf_m 实现的，因此可以看出，随着 Δf_m 增大，调频波中有影响的边频分量数目要增多，频谱要展宽。而在图 7-1-3（b）中，是靠减小调制频率而加大 m_f。虽然有影响的边频分量数目也增加，但频谱并不展宽。当调频波的调制指数 m_f 较小（如 $m_f < 0.5$ 时），调频波可以简写成

$$\begin{aligned}
u_{FM}(t) &= U_c \cos(\omega_c t + m_f \sin\Omega t) \\
&= U_c \cos(m_f \sin\Omega t)\cos\omega_c t - U_c \sin(m_f \sin\Omega t)\sin\omega_c t \\
&\approx U_c \cos\omega_c t - U_c m_f \sin\Omega t \sin\omega_c t \\
&= U_c \cos\omega_c t - \frac{1}{2}m_f \cos(\omega_c - \Omega)t + \frac{1}{2}m_f \cos(\omega_c + \Omega)
\end{aligned} \tag{7-1-8}$$

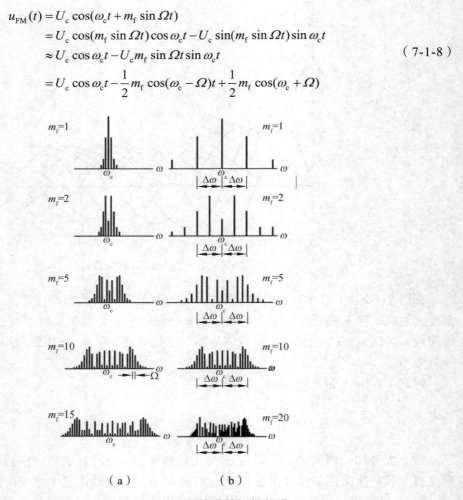

（a）   （b）

图 7-1-3 不同 m_f 时调频信号的振幅频谱

104

式（7-1-8）中用到了当$|x| < 0.5$时，$\cos x \approx 1$，$\sin x \approx x$。可以看出，当调频指数较小时，调频信号由 3 个频率分量构成，与普通调幅信号的频率分量相同，不同的是其相位。此时称这种调频为窄带调频。窄带调频可以用调幅的方法产生，将载波相移 90°，再与相移 90°的调制信号相乘后，用载波减去此乘积项就完成窄带调频。

调频波的另一个重要指标是信号的频带宽度。通常采用的准则是，信号的频带宽度应包括幅度大于未调载波 1%以上的边频分量，$|J_n(m_f)| \geqslant 0.01$。在某些要求不高的场合，此标准也可以定为 10%或其他值。由此可得不同标准时调频信号的带宽分别是

$$B_s = 2(m_f + 1)F \qquad , \quad |J_n(m_f)| \geqslant 0.1 \qquad （7-1-9）$$

$$B_s = 2(m_f + 1 + \sqrt{m_f})F \quad , \quad |J_n(m_f)| \geqslant 0.01 \qquad （7-1-10）$$

当调频指数 m_f 很大时，其带宽可以表示为

$$B_s \approx 2m_f F = 2\Delta f_m \qquad （7-1-11）$$

此时的调频信号称为宽带调频信号。当调频指数 m_f 很小时（如 $m_f < 0.5$时），有

$$B_s \approx 2F$$

为窄带调频，它只包含一对边带。以上是两种极端情况，一般情况下，在没有特殊说明时，可用（7-1-9）来表示调频信号的带宽，此式又称为卡森公式。调频信号频谱的特点总结如下。

（1）当 m_f 为小于 1 的窄频带调频时，带宽由第一对边频分量决定，B_s 只随 F 变化，而与 Δf_m 无关。

（2）当 $m_f \gg 1$时，带宽 B_s 只与频偏 Δf_m 成比例，而与调制频率 F 无关。因为 $m_f \gg 1$意味着 F 比 Δf_m 小得多，瞬时频率变化的速度（由 F 决定）很慢。这时，最大、最小瞬时频率差，即信号瞬时变化的范围就是信号带宽。从这一解释出发，对于任何调制信号波形，只要峰值频偏 Δf_m 比调制频率的最高频率大得多，其信号带宽都可以认为是 $B_s \approx 2\Delta f_m$。

调频波的平均功率与未调载波平均功率相等。当 m_f 由零增加时，已调制的载频功率下降，而其他边频分量功率增加。调制的过程只是进行功率的重新分配，而总功率不变。调频器可以理解为一个功率分配器。它将载波功率分配给每个边频分量，而分配的原则与调频指数 m_f 有关。

7.1.2 调相信号分析

调相波是其瞬时相位以未调载波相位 ϕ_c 为中心按调制信号规律变化的等幅高频振荡。如 $u_\Omega = U_\Omega \cos \Omega t$，并令初始相位 $\phi_0 = 0$，则其瞬时相位为

$$\phi(t) = \omega_c t + \Delta\phi(t) = \omega_c t + k_p u_\Omega = \omega_c t + \Delta\phi_m \cos \Omega t = \omega_c t + m_p \cos \Omega t \qquad （7-1-12）$$

从而得到调相信号为

$$u_{PM}(t) = U_c \cos(\omega_c t + m_p \cos \Omega t) \qquad （7-1-13）$$

式中 $\Delta\phi_m = k_p U_\Omega = m_p$ 为最大相偏，m_p 称为调相指数。对于一确定电路，$\Delta\phi_m \propto U_\Omega$，$\Delta\phi(t)$ 的曲线如图 7-1-4（c）所示，它与调制信号形状相同。$k_p = \Delta\phi_m / U_\Omega$ 为调相灵敏度，它表示单位调制电压所引起的相位偏移值。调相波的 $\phi(t)$、$\Delta\omega(t)$ 及 $\omega(t)$ 的曲线如图 7-1-4 所示。

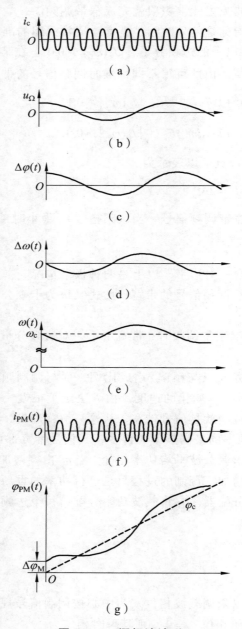

（a）

（b）

（c）

（d）

（e）

（f）

（g）

图 7-1-4 调相波波形

调相波的瞬时频率为

$$\omega(t) = \frac{d}{dt}\phi(t) = \omega_c - m_p \sin \Omega t = \omega_c - \Delta\omega_m \sin \Omega t \qquad (7\text{-}1\text{-}14)$$

式中，$\Delta\omega_{\mathrm{m}}=m_{\mathrm{p}}\Omega=k_{\mathrm{p}}U_{\Omega}\Omega$，为调相波的最大频偏。它不仅与调制信号的幅度成正比，而且还与调制频率成正比（这一点与 FM 不同）。调制频率愈高，频偏也愈大。若规定 $\Delta\omega_{\mathrm{m}}$ 值，那么就需限制调制频率。根据瞬时频率的变化可画出调相波波形，如图 7-1-4（f）所示，也是等幅疏密波。它与调频波相比只是延迟了一段时间。如不知道原调制信号，则在单频调制的情况下无法从波形上分辨是 FM 波还是 PM 波。

由于频率与相位之间存在着微分与积分的关系，所以 FM 与 PM 间是可以互相转化的。如果先对调制信号积分，然后再进行调相，就可以实现调频，如图 7-1-5（a）所示。如果先对调制信号微分，然后用微分结果去进行调频，得出的已调波为调相波，如图 7-1-5（b）所示。

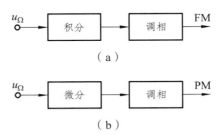

图 7-1-5　调频与调相的关系

调相信号带宽为

$$B_{\mathrm{s}}=2(m_{\mathrm{p}}+1)F \tag{7-1-15}$$

由于 m_{p} 与 F 无关，所以 B_{s} 正比于 F。调制频率变化时，B_{s} 随之变化。如果按最高调制频率 $F_{\max}$ 值设计信道，则在调制频率低时有很大余量，系统频带利用不充分。因此在模拟通信中调相方式用得很少。

表 7.1-1　调频波与调相波的比较表

项　目	调频波	调相波
载波	$u_{\mathrm{c}}=U_{\mathrm{c}}\cos\omega_{\mathrm{c}}t$	$u_{\mathrm{c}}=U_{\mathrm{c}}\cos\omega_{\mathrm{c}}t$
调制信号	$u_{\mathrm{o}}=U_{\mathrm{o}}\cos\omega\Omega t$	$u_{\mathrm{o}}=U_{\mathrm{o}}\cos\omega\Omega t$
偏移的物理量	频率	相位
调制指数（最大相偏）	$m_{\mathrm{f}}=\dfrac{\Delta\omega_{\mathrm{m}}}{\Omega}=\dfrac{k_{\mathrm{f}}U_{\mathrm{o}}}{\Omega}=\Delta\phi_{\mathrm{m}}$	$m_{\mathrm{p}}=\dfrac{\Delta\omega_{\mathrm{m}}}{\Omega}=k_{\mathrm{f}}U_{\mathrm{o}}=\Delta\phi_{\mathrm{m}}$
最大频偏	$\Delta\omega_{\mathrm{m}}=k_{\mathrm{p}}U_{\mathrm{o}}$	$\Delta\omega_{\mathrm{m}}=k_{\mathrm{p}}U_{\mathrm{o}}\Omega$
瞬时角频率	$\omega(t)=\omega_{\mathrm{c}}+k_{\mathrm{f}}u_{\mathrm{o}}(t)$	$\omega(t)=\omega_{\mathrm{c}}+k_{\mathrm{p}}\dfrac{\mathrm{d}u_{\mathrm{o}}(t)}{\mathrm{d}t}$
瞬时相位	$\phi(t)=\omega_{\mathrm{c}}t+kf\displaystyle\int u_{\mathrm{o}}(t)\mathrm{d}t$	$\phi(t)=\omega_{\mathrm{c}}t+k_{\mathrm{p}}u_{\mathrm{o}}(t)$
已调波电压	$u_{\mathrm{FM}}(t)=U_{\mathrm{o}}\cos(\omega_{\mathrm{c}}t+m_{\mathrm{f}}\sin\Omega t)$	$u_{\mathrm{FM}}(t)=U_{\mathrm{o}}\cos(\omega_{\mathrm{c}}t+m_{\mathrm{p}}\sin\Omega t)$
信号带宽	$B_{\mathrm{s}}=2(m_{\mathrm{f}}+1)F_{\max}$（恒定带宽）	$B_{\mathrm{s}}=2(m_{\mathrm{p}}+1)F_{\max}$（非恒定带宽）

角度调制是频谱的非线性变换。调频的频谱结构与 m_f 密切相关，m_f 大，频带宽。m_f 值的选择要从通信质量和带宽限制两方面考虑。对于高质量通信（如调频广播、电视伴音），由于信号强，以考虑质量为主，采用宽带调频，m_f 值选得大。对于一般通信，以考虑接收微弱信号为主，带宽窄些，噪声影响小，常选用 m_f 较小的调频方式。

7.2 调频方法

调频有两种方法：一种是先对调制信号积分，得到一个新的调制信号，然后对载波进行相位调制，形式上对载波调相，实际上得到的是一个调频波，这种调频方法称为间接调频法；另一种调频方法称为直接调频方法，就是用调制信号控制振荡器的振荡频率，如果被调制的是 LC 振荡器，振荡频率取决于回路参数 L 和 C，所以只要设法使 L 或者 C 的值随调制信号变化而变化，就能达到直接调频的目的。

7.2.1 直接调频法

1. 变容二极管直接调频电路

如果在变容二极管两端加一反向电压 u_r，该反向电压包括反向直流偏置 V_0 和调制信号电压 U_Ω，即

$$u_r = V_0 + U_\Omega \cos \Omega t \qquad (7\text{-}2\text{-}1)$$

这时，变容二极管结电容大小受调制信号电压 U_Ω 的控制，利用变容管这一特点，将其接入载波振荡器的振荡回路之中，如图 7-2-1 所示。

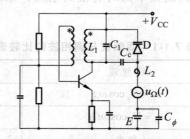

图 7-2-1　变容二极管调频电路

图中，$u_\Omega(t) = U_\Omega \cos \Omega t$ 为调制信号电压，C_c 为高频耦合电容，C_ϕ 为低频旁路电容，L_2 为高频扼流圈。加在变容二极管两端反向电压为

$$u_r = V_{CC} - E + u_\Omega(t) = V_0 + U_\Omega \cos \Omega t \qquad (7\text{-}2\text{-}2)$$

式中，V_0 为加在变容二极管两端的反向直流偏压。

$$V_0 = V_{CC} - E \qquad (7\text{-}2\text{-}3)$$

为了定性讨论变容二极管直接调频电路的工作原理，取出图 7-2-1 中的振荡回路部分，如图 7-2-2 所示。

振荡回路中总电容为

$$C_{\Sigma} = \frac{C_c C_j}{C_c + C_j} + C_1 \qquad (7\text{-}2\text{-}3)$$

式中，C_j 为变容二极管结电容，它受调制信号控制，当 $u_{\Omega}(t)$ 改变时，C_j 也随之变化。

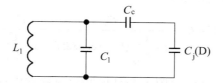

图 7-2-2　变容二极管调频电路中谐振回路

回路的振荡频率表示为

$$f_0 = \frac{1}{2\pi\sqrt{L_1 C_{\Sigma}}} \qquad (7\text{-}2\text{-}4)$$

当加在变容二极管 D 上的调制电压 $u_{\Omega}(t)$ 改变时，变容二极管结电容 C_j 也随之改变，结果振荡回路总电容 C_{Σ} 发生变化，最终使振荡频率 f_0 发生变化。由于振荡频率的变化是受调制信号控制，所以达到了调频的目的。下面对变容二极管直接调频工作原理进行定量分析。

若调制信号为单音频，即 $u_{\Omega}(t) = U_{\Omega} \cos \Omega t$，变容二极管结电容为

$$C_j = \frac{C_{j0}}{\left(1 + \dfrac{u_r}{V_D}\right)^r} = \frac{C_{j0}}{\left(\dfrac{V_D + V_o + U_{\Omega} \cos \Omega t}{V_D}\right)^r}$$

$$= \frac{C_{j0}}{\left(\dfrac{V_D + V_0}{V_D}\right)^r \left(1 + \dfrac{U_{\Omega} \cos \Omega t}{V_D + V_0}\right)^r} \qquad (7\text{-}2\text{-}5)$$

假设 C_{jQ} 为调制前变容二极管静态工作点处结电容，即反向直流偏压 V_0 对应的结电容。

$$C_{jQ} = \frac{C_{j0}}{\left(\dfrac{V_D + V_0}{V_D}\right)^r} \qquad (7\text{-}2\text{-}6)$$

调制指数 $m = \dfrac{U_{\Omega}}{V_D + V_0}$，将 C_{jQ} 和 m 代入 C_j 中，得到

$$C_j = \frac{C_{jQ}}{(1 + m \cos \Omega t)^r} \qquad (7\text{-}2\text{-}7)$$

调制后，振荡回路总电容

$$C_\Sigma = C_1 + \frac{C_c C_j}{C_c + C_j} = C_1 + \frac{C_c}{1 + \frac{C_c(1 + m\cos\Omega t)^r}{C_{jQ}}} \qquad (7\text{-}2\text{-}8)$$

调制前振荡回路总电容

$$C = C_1 + \frac{C_c C_{jQ}}{C_c + C_{jQ}} = C_1 + \frac{C_c}{1 + C_c/C_{jQ}} \qquad (7\text{-}2\text{-}9)$$

调制前、后振荡回路总电容变化量为

$$\Delta C = C_\Sigma - C = C_1 + \frac{C_c}{1 + \frac{C_c}{C_{jQ}}(1 + m\cos\Omega t)^r} - \frac{C_c}{1 + \frac{C_c}{C_{jQ}}} \qquad (7\text{-}2\text{-}10)$$

将上式中 $(1 + m\cos\Omega t)^r$ 在 $m\cos\Omega t = 0$ 附近泰勒展开并忽略高次项，得到

$$(1 + m\cos\Omega t)^r = 1 + rm\cos\Omega t + \frac{1}{2}r(r-1)m^2\cos^2\Omega t +$$
$$\frac{1}{6}r(r-1)(r-2)m^3\cos^3\Omega t \qquad (7\text{-}2\text{-}11)$$

利用三角公式

$$\begin{cases} \cos^2\Omega t = \dfrac{1}{2}(1 + \cos 2\Omega t) \\ \cos^3\Omega t = \dfrac{3}{4}\cos\Omega t + \dfrac{1}{4}\cos 3\Omega t \end{cases} \qquad (7\text{-}2\text{-}12)$$

则式（7-2-11）变为

$$(1 + m\cos\Omega t)^r = 1 + \frac{1}{4}r(r-1)m^2 + \frac{1}{6}rm[8 + (r-1)(r-2)m^2]\cos\Omega t +$$
$$\frac{1}{4}r(r-1)m^2\cos 2\Omega t + \frac{1}{24}r(r-1)(r-2)m^3\cos 3\Omega t \qquad (7\text{-}2\text{-}11)$$

若令 $A_0 = \dfrac{1}{4}r(r-1)m^2$、$A_1 = \dfrac{1}{6}rm[8 + (r-1)(r-2)m^2]$、$A_2 = \dfrac{1}{4}r(r-1)m^2$、$A_3 = \dfrac{1}{24}r(r-1)(r-2)m^3$，
则上式可以写成

$$\phi(m, r) = A_0 + A_1\cos\Omega t + A_2\cos 2\Omega t + A_3\cos 3\Omega t \qquad (7\text{-}2\text{-}12)$$

所以 $(1 + m\cos\Omega t)^r = 1 + \phi(m, r)$，因此调制前、后振荡回路总电容变化量可以写成

$$\Delta C = \frac{C_c}{1 + \frac{C_c}{C_{jQ}}(1 + m\cos\Omega t)^r} - \frac{C_c}{1 + \frac{C_c}{C_{jQ}}} = \frac{C_c}{1 + \frac{C_c}{C_{jQ}}[1 + \phi(m, r)]} - \frac{C_c}{1 + \frac{C_c}{C_{jQ}}}$$
$$= \frac{-\dfrac{C_c^2}{C_{jQ}}\phi(m, r)}{\left(1 + \dfrac{C_c}{C_{jQ}} + \dfrac{C_c}{C_{jQ}}\phi(m, r)\right)\left(1 + \dfrac{C_c}{C_{jQ}}\right)} \qquad (7\text{-}2\text{-}13)$$

一般情况下，总能满足 $\dfrac{C_c}{C_{jQ}}\phi(m,r) \ll 1 + \dfrac{C_c}{C_{jQ}}$，因此

$$\Delta C = \dfrac{-C_r^2/C_{jQ}}{\left(1+\dfrac{C_c}{C_{jQ}}\right)^2}\phi(m,r) = -\left(\dfrac{C_c}{C_{jQ}+C_c}\right)C_{jQ}\phi(m,r) \qquad (7\text{-}2\text{-}14)$$

根据振荡器振荡频率公式 $\omega_0 = \dfrac{1}{\sqrt{LC}}$，设回路电感和电容的总变化量为 ΔL、ΔC，则对频率公式求全微分，可以得到频率稳定度公式

$$\dfrac{\Delta\omega_0}{\omega_0} = -\dfrac{1}{2}\left(\dfrac{\Delta L}{L}+\dfrac{\Delta C}{C}\right) \qquad (7\text{-}2\text{-}15)$$

由于变容二极管调频电路中电感不变，即 $\Delta L = 0$，上式变为

$$\dfrac{\Delta\omega_0}{\omega_0} = \dfrac{\Delta f_0}{f_0} = -\dfrac{1}{2}\dfrac{\Delta C}{C} \qquad (7\text{-}2\text{-}16)$$

式中，f_0 为调制前载波中心频率，C 为调制前振荡回路总电容。

将式（7-2-14）代入式（7-2-16）得

$$\dfrac{\Delta f_0}{f_0} = -\dfrac{1}{2}\dfrac{\Delta C}{C} = \left(\dfrac{C_c}{C_{jQ}+C_c}\right)^2\dfrac{C_{jQ}}{2C}\phi(m,r) \qquad (7\text{-}2\text{-}17)$$

令 $p = \dfrac{C_c}{C_{jQ}+C_c}$ 为变容二极管与振荡回路之间的接入系数，再令 $K = p^2\dfrac{C_{jQ}}{2C}$，则式（7-2-17）变为

$$\dfrac{\Delta f_0}{f_0} = K\phi(m,r) \qquad (7\text{-}2\text{-}18)$$

所以，

$$\Delta f_0 = Kf_0\phi(m,r) = Kf_0[A_0 + A_1\cos\Omega t + A_2\cos 2\Omega t + A_3\cos 3\Omega t] \qquad (7\text{-}2\text{-}19)$$

结果分析：

（1）$\Delta f_1 = A_1 K f_0 = \dfrac{1}{8}rm[8+(r-1)(r-2)m^2]Kf_0$，$\Delta f_1$ 是由调制信号基波产生的最大频偏。Δf_1 越大越好，因为 Δf_1 越大，通过鉴频器得到的低频输出电压也越大。

（2）$\Delta f_2 = A_2 K f_0 = \dfrac{1}{4}r(r-1)m^2 Kf_0$，$\Delta f_2$ 是由调制信号二次谐波产生的最大频偏。Δf_2 越小越好，因为 Δf_2 越小，由调制信号二次谐波产生的非线性失真就越小。

（3）$\Delta f_3 = A_3 K f_0 = \dfrac{1}{24}r(r-1)(r-2)m^3 Kf_0$，$\Delta f_3$ 是由调制信号三次谐波产生的最大频偏。Δf_3 越小越好，因为 Δf_3 越小，由调制信号三次谐波产生的非线性失真就越小。

通过上述分析，调频时产生的非线性失真大小取决于 Δf_2 和 Δf_3 的大小。其中，由调制信号二次谐波产生的非线性失真系数为

$$K_{f2} = \left| \frac{\Delta f_2}{\Delta f_1} \right| = \left| \frac{A_2}{A_1} \right| = \left| \frac{2m(r-1)}{8 + (r-1)(r-2)m^2} \right|$$

由调制信号三次谐波产生的非线性失真系数为

$$K_{f3} = \left| \frac{\Delta f_3}{\Delta f_1} \right| = \left| \frac{A_3}{A_1} \right| = \left| \frac{\dfrac{1}{3}(r-1)(r-2)m^2}{8 + (r-1)(r-2)m^2} \right|$$

总的非线性失真系数

$$K_f = \sqrt{K_{f2}^2 + K_{f3}^2} \qquad (7\text{-}2\text{-}20)$$

从上式看出，要减小 K_f，必须减小 K_{f2} 和 K_{f3}，实质上就是减小 Δf_2 和 Δf_3。

（4） $\Delta f_0 = A_0 K f_0 = \dfrac{1}{4} r(r-1)m^2 K f_0$，$\Delta f_0$ 为调制前载波中心频率变化量，即振荡器绝对频率稳定度。很显然，Δf_0 与 f_0 成正比，f_0 越高，Δf_0 就越大，振荡器频率稳定度就越低。实践经验证明，结电容调制指数 m 不宜过大或者过小，通常取 m 为 $0.1 \sim 0.5$。

2. 晶体振荡器直接调频电路

晶体振荡器直接调频电路如图 7-2-3（a）所示。图中，L_1、L_2、L_3 为高频扼流圈，它们对高频信号相当于开路，对低频信号相当于短路。

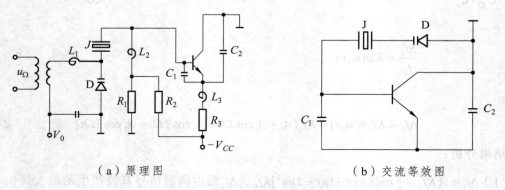

（a）原理图　　　　　　　　　　　　（b）交流等效图

图 7-2-3　晶体振荡器直接调频电路

图 7-2-3（b）为其交流等效图。调频波中心频率工作在晶体串、并联谐振频率之间，这是把晶体当作感性元件接入电路中。L_e 为晶体等效电感，C_L 为晶体负载电容，则 $\dfrac{1}{C_L} = \dfrac{1}{C_1} + \dfrac{1}{C_2} + \dfrac{1}{C_j}$，$C_j$ 为变容管结电容。

图 7-2-4 显示了晶体振荡器直接调频电路的调频过程。当外加调制信号发生变化时，即

$$u_\Omega(t) \uparrow \to \frac{C_{j0} \uparrow}{\left(1 + \dfrac{u_r}{V_d}\right)^r} = \frac{C_{j0}}{\left[1 + \dfrac{V_0 + u_\Omega(t)}{V_D}\right]^r} = C_j \uparrow$$

$$\to \left(\frac{1}{C_1} + \frac{1}{C_2} + \frac{1}{C_j}\right) = \frac{1}{C_L} \uparrow \to \frac{1}{2\pi\sqrt{L_e C_L}} = f_0 \uparrow$$

图 7-2-4　晶体振荡器直接调频电路的调频过程

也就是说，振荡频率随调制信号变化而变化，实现了调频。这种晶体振荡器直接调频电路在实际工作中不能采用，原因是晶体串、并联谐振频率之间间隔太窄。例如，2.5 MHz 高精度石英晶体，$f_p - f_q = 53\,\text{Hz}$。要想使石英晶体呈感性要求调频波最大频偏 $\Delta f = \dfrac{1}{2}(f_p - f_q) = 26.5\,\text{Hz}$，这样小的频偏，无法通过鉴频器进行解调，所以，需要展宽频偏，常用的方法是在晶体支路串入一个电感，如图 7-2-5 所示。

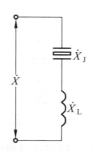

图 7-2-5　晶体串入电感

在晶体支路中串入电感之后，总电抗为 $X = X_J + X_L$，其电抗曲线如图 7-2-6 所示。在晶体支路串入电感之后，其感性范围扩大了。串入电感之前，晶体呈感性范围为 $f_p - f_q$，则频偏为 $\Delta f = \dfrac{1}{2}(f_p - f_q)$。串入电感之后，晶体支路呈感性范围 $f_p - f_q'$，则频偏为 $\Delta f' = \dfrac{1}{2}(f_p - f_q')$，由于 $f_q' < f_q$，$\Delta f' > \Delta f$，即达到了展宽频偏的目的。

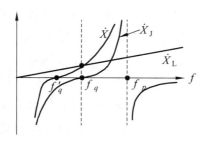

图 7-2-6　电抗曲线

7.2.2　间接调频法

所谓间接调频法是将调制信号通过一个积分电路，得到一个新的调制信号，然后再对载波进行调相，从而得到实际的调频波输出。由于间接调频法不是在发射极主振级进行，而是在主振级后面某一级进行，所以主振级具有较高的频率稳定度。因此，间接调频法获得调频波输出的关键是调相。具体的调相方法包括：

（1）直接调相，通过改变 LC 网络的相移特性引起输出信号的相位移动。

（2）矢量合成法，通过正交矢量叠加引起合成矢量的相位改变。

（3）可变延时法，通过改变延时达到移相目的。

1. 可变移相法调相电路（直接调相）

可变移相法利用一个可控的移相网络直接对输入信号进行移相。常见的移相网络有 RC 移相网络和 LC 谐振回路。在这两种移相网络中一般都利用变容二极管作为非线性元件，构成电压-相位控制关系。用变容二极管构成的 LC 移相网络的原理电路如图 7-2-7 所示，作为移相部件的 LC 谐振回路有 L，C 和变容二极管 C_j 组成。

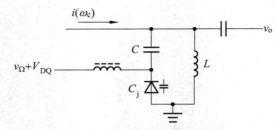

图 7-2-7　可变移相法调相的原理电路

根据 LC 谐振回路的相频特性，在中心频率 ω_0 附近有

$$\Delta\varphi \approx -\frac{2Q}{\omega_0} \cdot \Delta\omega \tag{7-2-21}$$

显然，若此 LC 谐振回路的谐振频率 ω_0 与输入载波信号的频率 ω_c 相同时，输出信号相位与输入相同；当谐振频率与载频不同时，输出信号将产生相移。由于此电路中 LC 谐振回路的谐振频率与变容二极管的电容有关，而变容二极管的偏置电压与调制信号有关，因此可以通过调制信号改变 LC 回路的谐振频率，进而改变输出信号的相移。

满足式（7-2-21）的近似条件是 $\Delta\varphi \leqslant \dfrac{\pi}{6}$，也就是 $\left|\dfrac{\Delta\omega}{\omega_0}\right| \leqslant \dfrac{\pi}{12Q} \approx \dfrac{1}{4Q}$，因此谐振回路的谐振频率变化很小。由于在小频偏条件下由变容二极管构成的 LC 谐振回路的频偏与调制信号之间一般都能够满足线性关系，假设变容二极管的线性调制系数为 k，LC 谐振回路的谐振频率与调制电压的关系为

$$\Delta\omega = k \cdot \frac{v_\Omega}{V_{DQ} + V_D} \omega_0 \tag{7-2-22}$$

将上式代入（7-2-21）得到相移与调制信号的关系

$$\Delta\varphi = -\frac{2kQ}{V_{DQ} + V_D} v_\Omega \qquad\qquad （7\text{-}2\text{-}23）$$

由此可见，在小相移条件（$\Delta\varphi \leqslant \dfrac{\pi}{6}$）下，此电路可以实现线性调相。若希望扩大调制系数，可以用若干个移相电路串联，成为多级调相电路。

2. 矢量合成法调相电路

矢量合成法又称为 Armstrong 法。该方法的原理是：一个调相信号可以表示为两个正交矢量的叠加，即

$$
\begin{aligned}
u_{PM}(t) &= U_c \cos(\omega_c t + m_p \cos\Omega t) \\
&= U_c \cos(m_p \cos\Omega t)\cos\omega_c t - U_c \sin(m_p \cos\Omega t)\sin\omega_c t
\end{aligned}
\qquad （7\text{-}2\text{-}24）
$$

若 m_p 很小（$m_p < \dfrac{\pi}{12}$），上式可以近似为

$$u_{PM}(t) \approx U_c \cos\omega_c t - U_c(m_p \cos\Omega t)\cdot\sin\omega_c t \qquad （7\text{-}2\text{-}25）$$

其矢量图如图 7-2-8 所示，即调相信号可以用载波信号和另一个与它正交的载波信号与调制信号的乘积叠加得到，所以矢量合成法调相可以用图 7-2-9 的结构完成。

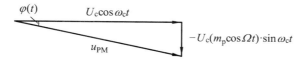

图 7-2-8 矢量合成法调相的矢量图

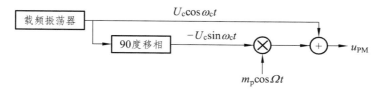

图 7-2-9 矢量合成法调相电路的结构

矢量合成法调相的特点是电路简单，载频振荡器与调制电路分离，所以载波频率稳定，并且这个电路结构很适于集成。但由于 m_p 很小，意味着窄带调相，矢量合成法调相只能完成窄带调相。用矢量合成法调相完成间接调频是一种实用的调频方法。但是由于只能完成窄带调频，通常要进行扩大频偏处理。

3. 可变时延法调相电路

从时域观点看，移相相当于延时。可变延时法就是设法使载波的延时与调制信号联系起来，在频域实现调相。该方法可以完成的调相范围要比前面两种大许多。

图 7-2-10 所示为可变延时法调相的电路结构原理图和各关键点的波形，其工作原理是利用载频振荡器去控制一个锯齿波发生器，产生与载波频率相同的锯齿波脉冲。此脉冲与

带有偏置的调制信号比较，比较的结果产生一系列前沿位置不同的脉冲。此前沿位置与原来载波的相位关系就是需要的调相关系。将每个脉冲的前沿位置取出成为一个相位被调制的脉冲序列，再通过带通滤波器将其中的基频成分滤出就是最后的调相波。这个方法可以产生相移接近 $\pm\pi$ 的线性调相信号，其主要缺点是在调制过程中需要产生多种非正弦信号，所以一般难以达到很高的载波频率。

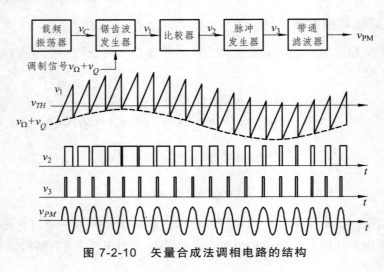

图 7-2-10　矢量合成法调相电路的结构

7.3　鉴频原理

调角波的解调就是将已调波恢复成原调制信号的过程。调频波的解调电路称为频率检波器或鉴频器，调相波的解调电路称为相位检波器或鉴相器。

1. 鉴频跨导

鉴频特性曲线表示鉴频器输出电压与输入调频波瞬时频偏之间的关系，如图 7-3-1 所示。

鉴频跨导就是指鉴频曲线中间直线部分的斜率。很显然，在同样频偏作用下，鉴频跨导越大，鉴频器输出电压也就越大。

2. 鉴频灵敏度

鉴频灵敏度，是指鉴频器正常工作所需要的输入调频波的幅度，其值越小，说明鉴频器灵敏度越高。

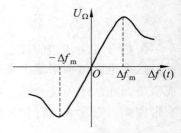

图 7-3-1　鉴频特性曲线

3. 鉴频频带宽度

鉴频特性曲线直线部分所对应的频率范围称为鉴频频带宽度。如图 7-3-1 所示，鉴频频带宽度为 $2\Delta f_m$。一般要求，$2\Delta f_m$ 应大于输入调频波频偏的两倍，而且还要留有一定的余量。

4. 非线性失真

所谓鉴频特性曲线的直线范围，只是一条近似的直线，或多或少存在弯曲。这样一来，在鉴频器输出中，除了包含有用的低频基波成分外，还含有低频二次、三次等低频高次谐波成分，必然会在鉴频器输出中存在非线性失真。因此，要求我们在设计鉴频器时，尽量使鉴频特性曲线中间部分接近直线，减少由于鉴频特性曲线的弯曲所造成的非线性失真。

7.3.1 斜率式鉴频器

斜率式鉴频器是利用谐振回路的幅度-频率特性，将输入的调频波变成幅度随调频波瞬时频率变化的调幅-调频波，再利用包络检波器将原调制信号解调出来。

斜率式鉴频器原理图如图 7-3-2 所示，图中 LC 振荡回路的幅度-频率特性曲线如图 7-3-3 所示。

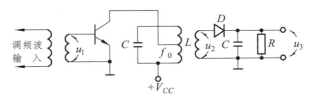

图 7-3-2　斜率式鉴频器原理图

图中，f_0 为 LC 振荡回路谐振频率；f_{in} 为输入调频波中心频率，且 $f_0 \neq f_{in}$，适当选取频偏大小，并使 f_{in} 位于谐振曲线直线部分的中点处。

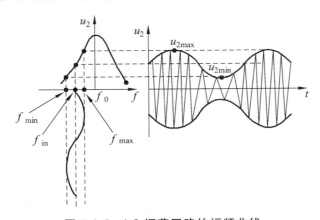

图 7-3-3　LC 振荡回路的幅频曲线

当调制信号 $u_\Omega(t) \neq 0$ 时，调频波瞬时频偏 $\Delta f \neq 0$。若调频信号正好位于谐振回路左边位置，虽然该区域是一条曲线，但是可以近似看成直线，符合频率-幅度的线性关系。谐振回路两端电压 u_2 是一个幅度随调频波瞬时频率变化的调幅-调频波，其包络反映了原调制信号的变化规律，利用包络检波器可将包络解调出来，还原成原调制信号。

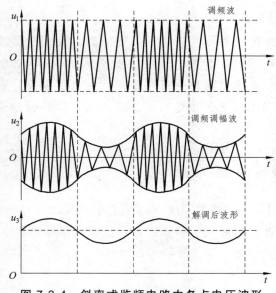

图 7-3-4　斜率式鉴频电路中各点电压波形

　　斜率式鉴频器将输入的调频波编制成调幅-调频波，是利用单调谐回路的幅度-频率特性实现的。由于其谐振曲线线性范围较窄，所以当调频波频偏较大时，就会超出谐振曲线的线性范围，从而产生非线性失真。因此，这种鉴频电路只适用于一般要求的调频接收机。

7.3.2　平衡式鉴频器

　　为了改善鉴频特性的非线性，根据平衡输出可以抵消若干非线性失真的原理，可采用平衡式鉴频器，以便扩大鉴频特性的线性范围。其原理图如图 7-3-5 所示。

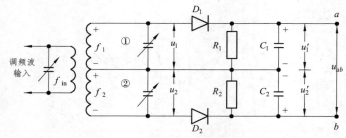

图 7-3-5　平衡式鉴频原理图

　　图中，有 3 个调谐回路，其谐振频率定义：f_{in} 为初级回路谐振频率，也是调频波中心频率；f_1 为次级回路①的谐振频率；f_2 为次级回路②的谐振频率。要求 $f_1 > f_{in}$、$f_2 < f_{in}$，且满足 $f_1 - f_{in} = f_2 - f_{in} = \Delta f_c$，回路①、②谐振曲线如图 7-3-6 所示。

　　讨论：

　　（1）当不加调制信号，即 $u_\Omega(t) = 0$ 时，调频波瞬时频

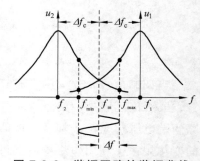

图 7-3-6　谐振回路的谐振曲线

偏 $\Delta f(t)=0$，这时调频波瞬时频率为 $f=[f_{in}+\Delta f(t)]=f_{in}$。由图 7-3-6 不难看出，次级两个回路输出电压相等，即 $u_1=u_2$。如果两个检波电路元器件完全对称，即 $D_1=D_2$，$R_1=R_2$，$C_1=C_2$，则 $u'_1=u'_2$。平衡式鉴频器输出电压为 $u_{ab}=(u'_1-u'_2)=0$，说明鉴频器无电压输出，处于鉴频零点状态。因为 $u_{\Omega}(t)=0$，则 $\Delta f(t)=0$，由鉴频特性曲线可知，当调频波瞬时频偏为零时，鉴频器输出电压必然为零。

（2）当加调制信号，即 $u_{\Omega}(t)\neq 0$ 时，调频波瞬时频偏 $\Delta f(t)\neq 0$。

a. 若 $u_{\Omega}(t)$ 增大，则 $\Delta f(t)$ 增大，于是 $f=[f_{in}+\Delta f(t)]$ 增大。当 $u_{\Omega}(t)=U_{\Omega}$ 时，则 $\Delta f(t)=\Delta f$，所以 $f=f_{max}=f_{in}+\Delta f$，由图 7-3-6 可知，次级回路①的电压大，次级回路②的电压小，即 $u_1>u_2$，因此 $u'_1>u'_2$，故鉴频器输出电压为 $u_{ab}=(u'_1-u'_2)\neq 0$，说明鉴频器有电压输出。

b. 若 $u_{\Omega}(t)$ 减小，则 $\Delta f(t)$ 减小，于是 $f=[f_{in}+\Delta f(t)]$ 减小。当 $u_{\Omega}(t)=-U_{\Omega}$ 时，则 $\Delta f(t)=-\Delta f$，所以 $f=f_{min}=f_{in}-\Delta f$，由图 7-3-6 可知，次级回路①的电压小，次级回路②的电压大，即 $u_1<u_2$，因此 $u'_1<u'_2$，故鉴频器输出电压为 $u_{ab}=(u'_1-u'_2)\neq 0$，说明鉴频器有电压输出。通过上述分析不难看出，如果输入信号瞬时频率为调频波中心频率，鉴频器无电压输出，只要输入信号瞬时频率不等于调频波中心频率，鉴频器就有电压输出。平衡式鉴频器各部分电压波形如图 7-3-7 所示。

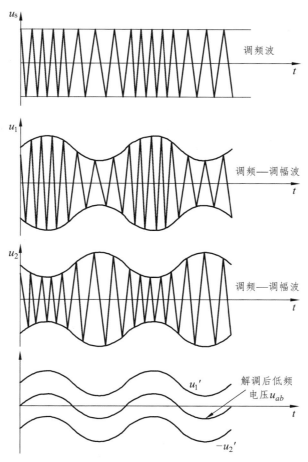

图 7-3-7　平衡式鉴频器各部分电压波形

综上所述，平衡式鉴频器的优点是：鉴频特性曲线线性范围宽，非线性失真小。平衡式鉴频器的缺点是：要求电路上下必须做到严格对称，这给电路调整带来一定的困难。

7.3.2　相位鉴频器

相位鉴频器是利用谐振回路的相位-频率特性，将输入的调频波编制成幅度随调频波瞬时频率变化的调幅-调频波，再利用包络检波器解调出原调制信号。图 7-3-8 是电感耦合相位鉴频器原理电路图。相移网络为耦合回路。图中，初、次级回路参数相同，中心频率均为 $f_0 = f_c$（f_c 为调频信号的中频载波频率）。U_1 是经过限幅放大后的调频信号，它一方面经隔直电容 C_0 加在后面的两个包络检波器上，另一方面经互感 M 耦合在次级回路两端产生电压 U_2。L_3 为高频扼流圈，它除了保证使输入电压 U_1 经 C_0 全部加在次级回路的中心抽头外，还要为后面两个包络检波器提供直流通路。二极管 VD_1、VD_2 和两组 C、R_L 组成平衡的包络检波器，差分输出。在实际中，鉴频器电路还可以有其他形式，如接地点改接在下端（图中虚线所示），检波负载电容用一个电容代替，还可以省去高频扼流圈。

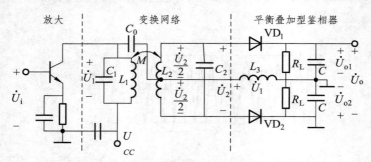

图 7-3-8　电感耦合相位鉴频器原理电路图

互感耦合相位鉴频器的工作原理可分为移相网络的频率 – 相位变换、加法器的相位 – 幅度变换和包络检波器的差分检波 3 个过程。

1. 频率-相位变换

频率-相位变换是由图 7-3-9 所示的互感耦合回路完成的。由图 7-3-9（b）的等效电路可知，初级回路电感 L_1 中的电流为

$$I_1 = \frac{U_1}{r_1 + j\omega L_1 + Z_f} \tag{7-3-1}$$

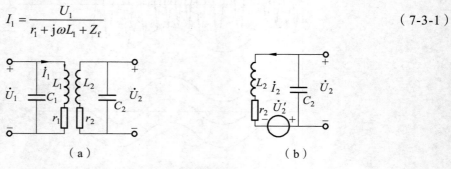

（a） （b）

图 7-3-9　互感耦合回路

式（7-3-1）中，Z_f 为次级回路对初级回路的反射阻抗，在互感 M 较小时，Z_f 可以忽略。考虑初、次级回路均为高 Q 回路，r_1 也可忽略。这样，式（7-3-1）可近似为

$$I_1 \approx \frac{U_1}{j\omega L_1} \tag{7-3-2}$$

初级电流在次级回路产生的感应电动势为

$$U_2 = j\omega M I_1 = \frac{M}{L_1}U_1 = kU_1 \tag{7-3-3}$$

感应电动势 U_2 在次级回路形成的电流 I_2 为

$$I_2 = \frac{U_2}{r_2 + j\omega L_2 - \dfrac{1}{\omega C_2}} = \frac{M}{L_1}\frac{U_1}{r_2 + j\omega L_2 - \dfrac{1}{\omega C_2}} \tag{7-3-4}$$

I_2 流经 C_2，在 C_2 上形成的电压 U_2 为

$$U_2 = -\frac{1}{j\omega C_2}I_2 = j\frac{1}{\omega C_2}\frac{M}{L_1}\frac{U_1}{r_2 + j\omega L_2 - \dfrac{1}{\omega C_2}}$$

$$= \frac{jA}{1 + j\xi}U_1 = \frac{AU_1}{1 + \xi^2}e^{\left(j\frac{\pi}{2} - \varphi\right)} \tag{7-3-5}$$

式中，$A = KQ$ 为耦合因子，$Q \approx 1/(\omega_0 C_2 r_2)$，$\xi = 2Q\Delta f / f_0$，$\varphi = \arctan\xi$ 为次级回路的阻抗角。

上式表明，U_2 与 U_1 之间的幅值和相位关系都将随输入信号的频率变化。但在 f_0 附近幅值变化不大，而相位变化明显。U_2 与 U_1 之间的相位差为 $\pi/2 - \varphi$。φ 与频率的关系及 $\pi/2 - \varphi$ 与频率的关系如图 7-3-10 所示。由此可知，当 $f = f_0 = f_c$ 时，次级回路谐振，U_2 与 U_1 之间的相位差为 $\pi/2$（引入的固定相差）；当 $f > f_0 = f_c$ 时，次级回路呈感性，U_2 与 U_1 之间的相差为 $0 \sim \pi/2$；当 $f < f_0 = f_c$ 时，次级回路呈容性，U_2 与 U_1 之间的相位差为 $\pi/2 \sim \pi$。

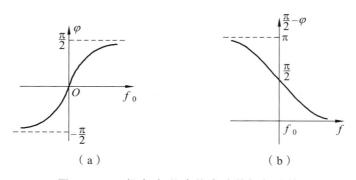

（a）　　　　　　　　　　　（b）

图 7-3-10　频率-相位变换电路的相频特性

由上可以看出，在一定频率范围内，U_2 与 U_1 间的相差与频率之间具有线性关系。因而互感耦合回路可以作为线性相移网络，其中固定相差 $\pi/2$ 是由互感形成的。应当注意，与鉴相器不同，由于 U_2 由耦合回路产生，相移网络由谐振回路近似形成，因此，U_2 的幅度随频率变化。但在回路通频带之内，幅度基本不变。

2. 相位-幅度变换

根据图中规定的 U_2 与 U_1 的极性，图 7-3-11 是图 7-3-8 简化电路原理图。这样，在两个检波二极管上的高频电压分别为

$$\begin{cases} U_{D1} = U_1 + \dfrac{U_2}{2} \\[2mm] U_{D2} = U_1 - \dfrac{U_2}{2} \end{cases} \qquad (7\text{-}3\text{-}6)$$

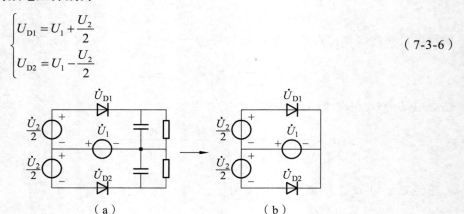

图 7-3-11　简化电路

合成矢量的幅度随 U_2 与 U_1 间的相差而变化（FM-PM-AM 信号），如图 7-3-12 所示。

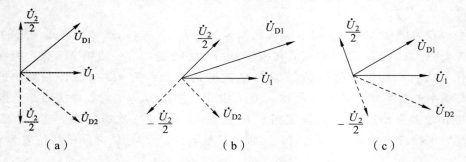

图 7-3-12　不同频率时的 U_{D2} 与 U_{D1} 矢量图

（1）$f = f_0 = f_c$ 时，U_{D2} 与 U_{D1} 的振幅相等，即 $|U_{D2}| = |U_{D1}|$。

（2）$f > f_0 = f_c$ 时，$|U_{D2}| > |U_{D1}|$，随着 f 的增加，两者差值将加大。

（3）$f < f_0 = f_c$ 时，$|U_{D2}| < |U_{D1}|$，随着 f 的降低，两者差值将加大。

3. 检波输出

由于是平衡电路，两个包络检波器的检波系数 $K_{d1} = K_{d2} = K_d$，包络检波器的输出分别为 $u_{o1} = K_{d1}|U_{D1}|$、$u_{o2} = K_{d2}|U_{D2}|$。鉴频器的输出电压为

$$u_o = u_{o1} - u_{o2} = K_d\left(|U_{D1}| - |U_{D2}| \right) \qquad (7\text{-}3\text{-}7)$$

由上面分析可知，当 $f = f_0 = f_c$ 时，鉴频器输出为零；当 $f > f_0 = f_c$ 时，鉴频器输出为正；当 $f < f_0 = f_c$ 时，鉴频器输出为负。由此可得此鉴频器的鉴频特性，如图 7-3-13（a）所示，为正极性。在瞬时频偏为零（$f = f_0 = f_c$）时输出也为零，这是靠固定相移π/2 及平衡差分输出来保证的。

122

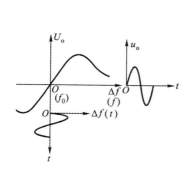

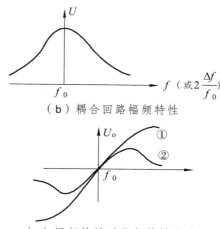

（b）耦合回路幅频特性

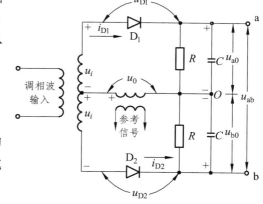

（a）鉴频特性及其输出电压　　　　　（c）幅频特性对鉴频特性影响

图 7-3-13　鉴频特性曲线

在理想情况下，鉴频特性不受耦合回路的幅频特性的影响，调频信号通过耦合回路移相后得到的是等幅电压，鉴频特性形状与耦合回路这一移相网络的相频特性相似，如图 7-3-13（c）中曲线①所示。但实际上，鉴频特性受耦合回路的幅频特性和相频特性的共同作用，可以认为是两者 相乘的结果，如图 7-3-13（c）中曲线②所示。在频偏不大的情况下，随着频率的变化，U_2 与 U_1 幅度变化不大而相位变化明显，鉴频特性近似线性；当频偏较大时，相位变化趋于缓慢，而 U_2 与 U_1 幅度明显下降，从而引起合成电压下降。

7.4　鉴相原理

相位检波又称鉴相，用于检出两个信号之间的相位差，从而完成相位差—电压的变换作用。完成这种作用的电路称为相位检波电路或者鉴相电路，其原理电路如图 7-4-1 所示。

若调相信号为

$$u_i = U_i \cos[\omega_i t + \Delta\theta(t)] \tag{7-4-1}$$

参考信号为

$$u_0 = U_0 \sin \omega_0 t \tag{7-4-2}$$

由图中可知，若二极管 D_1 和 D_2 的特性相同，且忽略负载电压 u_{a0} 与 u_{b0} 的反作用，则加在 D_1 两端电压为

$$u_{D_1} = u_0 + u_i \tag{7-4-3}$$

图 7-4-1　鉴相器原理图

123

加在 D_2 两端电压为

$$u_{D_2} = u_0 - u_i \qquad (7\text{-}4\text{-}4)$$

若流过两个二极管的电流用幂级数展开，则流过 D_1 电流为

$$i_{D_1} = a_0 + a_1 u_{D_1} + a_2 u_{D_1}^2 \qquad (7\text{-}4\text{-}5)$$

流过 D_2 电流为

$$i_{D_2} = a_0 + a_1 u_{D_2} + a_2 u_{D_2}^2 \qquad (7\text{-}4\text{-}6)$$

鉴相器输出电压为

$$\begin{aligned}
u_{ab} &= u_{a0} - u_{b0} = R(i_{D_1} - i_{D_2}) = R(2a_1 u_i + 4a_2 u_0 u_i) \\
&= 2a_1 U_i R \cos[\omega_i t + \Delta\theta(t)] + \cdots + \\
&\quad 2a_2 U_0 U_i R \sin[(\omega_0 + \omega_i)t + \Delta\theta(t)] + 2a_2 U_0 U_i R \sin[(\omega_0 - \omega_i)t + \Delta\theta(t)]
\end{aligned} \qquad (7\text{-}4\text{-}7)$$

若考虑了检波负载电容 C 的滤波作用后，式（7-4-7）中前两项电流分量都是高频分量，被电容 C 所滤掉，此时鉴相器实际输出电压为

$$u_{ab} = 2a_2 U_0 U_i R \sin[(\omega_0 - \omega_i)t + \Delta\theta(t)] = 2a_2 U_0 U_i R \sin[\Delta\omega t + \Delta\theta(t)] \qquad (7\text{-}4\text{-}8)$$

式中 $\Delta\omega = \omega_0 - \omega_i$。如果 $\omega_0 = \omega_i$，则 $\Delta\omega = 0$。所以

$$u_{ab} = 2a_2 U_0 U_i R \sin[\Delta\theta(t)] \qquad (7\text{-}4\text{-}9)$$

式中，$K_d = 2a_2 U_0 U_i R$ 为鉴相器的传输系数或者灵敏度。

鉴相输出电压 u_{ab} 与相差 $\Delta\theta(t)$ 之间成正弦函数关系，其鉴相特性曲线如图 7-4-2 所示。有图中可知，当 $|\Delta\theta(t)| \leqslant 30°$ 时，$\sin[\Delta\theta(t)] \approx \Delta\theta(t)$，因此，鉴相器输出电压近似为

$$u_{ab} = K_d \sin[\Delta\theta(t)] \approx K_d \Delta\theta(t) \qquad (7\text{-}4\text{-}10)$$

即鉴相器输出电压 u_{ab} 与相差 $\Delta\theta(t)$ 成正比，而相差 $\Delta\theta(t)$ 与调制信号电压大小成正比，所以鉴相器输出电压反映出调制信号的变化规律，达到了对调相波解调的目的。

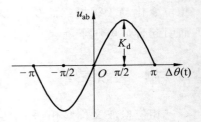

图 7-4-2　鉴相特性曲线

思考题与习题

（1）调角波表达式为 $v(t) = 100\cos[2\pi \times 10^8 t + 20\sin(2\pi \times 10^3 t)]$（mV），试求：① 若为调频波，求载频 f_c、调制频率 F、调频指数 m_f、最大频偏 Δf_m、有效频宽 BW。② 若为调相波，求调相指数 m_p、调制信号 $v_{\Omega}(t)$ 的表达式（设调相灵敏度为 $k_p = 2\,\mathrm{rad/V}$）、最大频偏 Δf_m。

（2）图 7-5-1 所示的两个电路中，高频变压器的次级都有两个绕组，并分别与电容构成谐振电路，谐振在角频率 ω_{01}、ω_{02}。试问：① 其中那个电路可以完成频率解调？那个电路可以完成振幅解调？② 假定已调波的中心频率为 ω_0，则两个电路中 ω_{01}、ω_{02} 与 ω_0 的关系如何？

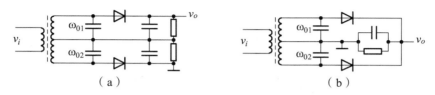

图 7-5-1

（3）对调频波而言，若保持调制信号幅度不变，但将其频率加大为原来的 2 倍，问频偏与频带宽度如何改变？若保持调制信号频率不变，但将其幅度加大为原来的 2 倍，频偏与频带宽度如何改变？若同时将调制信号幅度和频率都加大为原来的 2 倍，频偏与频带宽度将如何改变？

（4）图 7-5-2 所示为另一种比例鉴频器，称为不对称比例鉴频器，因其节省器件而得到广泛使用。分析其原理，写出鉴频输出电压表达式。

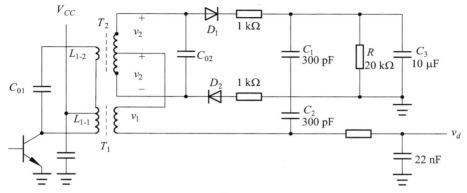

图 7-5-2

（5）图 7-5-3 所示为互感耦合鉴频器电路，分析出现下列情况之一时，其鉴频特性的变化：① 中频变压器次级回路对中心频率失谐；② 中频变压器初级回路对中心频率失谐。

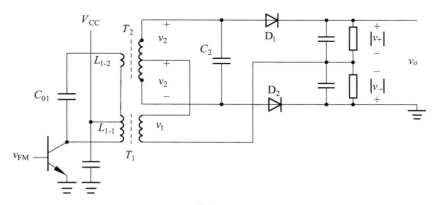

图 7-5-3

第 8 章　反馈控制电路

电子线路中也常常应用反馈控制技术。根据控制对象参量的不同，反馈控制电路可以分为以下 3 类。

（1）自动增益控制，它主要用于接收机中，控制接收通道的增益，以维持整机输出恒定，使之几乎不随外来信号的强弱变化。

（2）自动频率控制，它主要用于维持电子设备中工作频率的稳定。

（3）自动相位控制，又称为锁相环路，它用于锁定相位，能够实现许多功能，是应用最广的一种反馈控制电路。

本章主要介绍反馈控制的原理和典型电路。

8.1　自动增益控制（AGC）电路

在通信、导航、遥测遥控等无线电系统中，接收机所接收的信号强弱变化范围很大，信号强度的变化可从几微伏至几毫伏，相差几千倍。如果接收机增益不变，则信号太强时会造成接收机的饱和或阻塞，甚至使接收机损坏，而信号太弱时又可能被丢失。因此，在接收弱信号时，希望接收机有很高的增益，而在接收强信号时，接收机的增益应减小一些。这种要求靠人工增益控制来实现是困难的，必须采用自动增益控制（AGC）电路使接收机的增益随输入信号强弱自动变化。自动增益控制电路是接收机中不可缺少的辅助电路。图 8-1-1 是具有 AGC 电路的接收机组成框图。

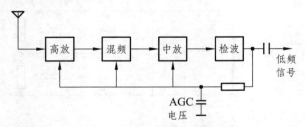

图 8-1-1　具有 AGC 电路的接收机组成框图

自动增益控制电路通常是利用一个控制信号控制接收机的高放（高频放大）、中放（中频放大）或者混频级的增益，这个控制信号一般取自检波器输出端。在二极管检波器输出电压中，除了音频信号外，还包括直流成分。该直流成分与检波器输入信号的振幅成正比。采用适当方法取出这个直流电压（通常叫作 AGC 电压），并利用该电压作为自动增益控制信号去控制检波前高放、中放或者混频的各级增益。

经常利用的方法是控制晶体管工作点电流，实现对增益的控制。因为放大器电压增益 A_{u0} 与晶体管正向传输导纳 Y_{fe} 有关，而 Y_{fe} 又与晶体管静态工作点有着密切关系，因此改变晶体管工作点电流 I_{e0} 时，放大器电压增益 A_{u0} 随之发生变化。从而达到控制放大器电压增益的目的。图 8-1-2 表示晶体管正向传输导纳 Y_{fe} 与工作点电流 I_{e0} 之间的关系曲线。

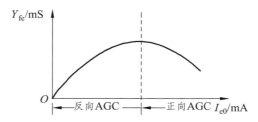

图 8-1-2　正向传输导纳与工作点电流关系

图中，当晶体管工作点电流 I_{e0} 较小时，晶体管正向传输导纳 Y_{fe} 随 I_{e0} 的增加而增加，达到最大值后，Y_{fe} 随 I_{e0} 的增加而减小，利用晶体管 Y_{fe} 与 I_{e0} 曲线的上升段特性可构成反向 AGC 电流，利用 Y_{fe} 与 I_{e0} 曲线的下降段特性可构成正向 AGC 电流。

为了控制晶体管静态工作点电流 I_{e0}，通常把 AGC 电压加到晶体管基极或者发射极上。如果晶体管为 NPN 型，采用反向 AGC 电路，控制电压为负极性。当外来信号幅度增大时，控制电压向负的方向变化，使晶体管基极电位更负，从而导致晶体管静态工作点电流 I_{e0} 减小，使晶体管正向传输导纳 Y_{fe} 下降，放大器电压增益降低。

反向 AGC 电路虽然控制效果好，但接收强信号时，受控管的静态工作点电流 I_{e0} 大幅度减小，容易使放大器工作在截止区，产生严重的非线性失真。为了扩大 AGC 电路的工作范围，减小信号非线性失真，可采用专门用于增益控制的晶体管构成正向 AGC 电路。这种晶体管的特点是 Y_{fe} 与 I_{e0} 曲线下降段比较陡峭，线性度好。在正向 AGC 电路中，当输入信号幅度增大时，是 AGC 电压增大，导致受控管静态工作点电流 I_{e0} 增大，晶体管正向传输导纳反而减小，造成放大器电压增益降低，从而保持输出电压幅度基本不变。

具有简单 AGC 电路的接收机的主要缺点：一有外来信号，AGC 电路立即起控，使接收机的增益应受控而降低，这对提高接收机的灵敏度显然十分不利。为了克服这一缺点，保证接收机在接收弱信号时具有最大的增益，以获得足够的输出信号强度，一般都采用延迟式 AGC 电路。延迟式 AGC 电路如图 8-1-3 所示。

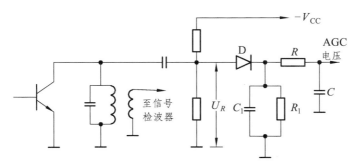

图 8-1-3　延迟式 AGC 电路

图中，二极管 D 和负载 R_1、C_1 组成 AGC 检波器。检波后的电压经 RC 低通滤波器，获得直流 AGC 电压。另外，由负电源分压获得的负偏压 U_R 加在二极管上，U_R 称为延迟电压。当外来信号很小，即 $U_i < U_R$ 时，由于延迟电压 U_R 的存在，AGC 检波器的二极管一直不导通，没有 AGC 电压输出，AGC 不起作用，这时外来信号送至信号检波器进行正常检波。只有外来信号增强，当信号电压 $U_i > U_R$ 时，二极管 D 导通，AGC 检波器工作。由于延迟电压的存在，信号检波器与 AGC 检波器不能共用一个二极管，必须各自分开，否则延迟电压会加到信号检波器上去，使外来信号较小时不能处于正常检波。

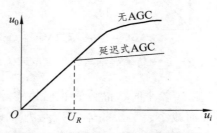

图 8-1-4　延迟式 AGC 特性曲线

图 8-1-4 所示为延迟式 AGC 特性曲线，反映了外来输入信号与输出电压之间的关系曲线，当 $U_i > U_R$ 时，AGC 起作用，当 $U_i < U_R$ 时，AGC 不起作用。

8.2　自动频率控制（AFC）电路

自动频率控制又叫自动频率微调。它是用来控制振荡器的振荡频率达到一定频率稳定度要求的反馈控制电路，其原理框图如图 8-2-1 所示。它是由鉴频器，低通滤波器和压控振荡器所组成，f_s 为标准信号频率，一般采用晶振，f_0 为输出信号频率。

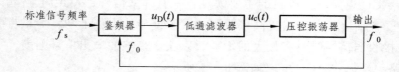

图 8-2-1　自动频率控制电路的组成

图中，压控振荡器输出频率 f_0 与标准信号频率 f_s 一起送到鉴频器中进行比较，当 $f_0 = f_s$，即差频 $\Delta f(t) = 0$ 时，鉴频器输出电压 $u_D(t) = 0$，鉴频器处于鉴频零点状态，这时压控振荡器振荡频率不受影响；当 $f_0 \neq f_s$，即频差 $\Delta f(t) \neq 0$ 时，鉴频器便有比较电压输出，也就是说，$u_D(t) \neq 0$，而且大小正比于 $f_0 - f_s$，经过低通滤波器，取出缓慢变化的直流控制电压 $u_c(t)$，并用来控制压控振荡器的振荡频率，迫使压控振荡器的振荡频率 f_0 向标准信号频率 f_s 逼近，就这样不断重复上述过程，使频差一次比一次减小，当 f_0 与 f_s 的误差减小到某最小值 Δf_{min} 时，自动频率微调过程便自行停止，这时环路进入锁定状态。也就是说，当整个反馈控制系统处于锁定状态时,压控振荡器输出信号频率等于 $f_0 + \Delta f_{\min}$。其中, $\Delta f_{\min}$ 称为剩余频差。

自动频率微调电路就是通过自身的调节作用,将原来的压控振荡器因外界因素引起的频偏减小到最小的剩余频差 $\Delta f_{\min}$。为满足对压控振荡器频率稳定度的要求, $\Delta f_{\min}$ 越小越好。图 8-2-2 所示为一个采用自动频率控制电路的调幅接收机框图。

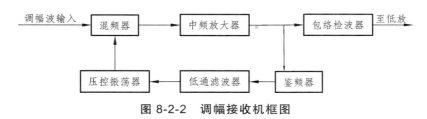

图 8-2-2 调幅接收机框图

从图中可以看出,它与普通调幅接收机相比,增加了鉴频器和低通滤波器两部分,而且将本机振荡器改为压控振荡器。有混频器输出的中频信号经过放大器放大后,一路送到包络检波器,另一路送到鉴频器进行鉴频。假设鉴频器中心频率调整在规定的中频频率上,当压控振荡器在外界因素作用下,振荡器频率发生变化时,可通过鉴频器将偏离于中心频率的频差变换成电压,该电压大小与频差成正比,通过低通滤波器取出缓慢变化的直流电压,并作用到压控振荡器上,使压控振荡器的振荡频率发生变化,促使偏离于中频的频差变小。这样一来,在自动频率微调作用下,接收机的输入信号的载波频率和压控振荡器的振荡频率之差就更加接近于规定的中频。

8.3 自动相位控制（APC）电路

AFC 电路是以消除频率误差为目的反馈控制电路。由于它的基本原理 是利用频率误差电压去消除频率误差,所以当电路达到平衡状态之后,必然会有剩余频率误差存在,即频率误差不可能为零。这是它固有的缺点。自动相位控制电路又叫锁相环路,是一种以消除频率误差为目的的反馈控制电路。但它的基本原理是利用相位误差去消除频率误差,所以当电路达到平衡状态时,虽然有剩余相位误差存在,但频率误差可以降低到零,从而实现无频率误差的频率跟踪和相位跟踪。

锁相环是一个相位负反馈控制系统。它由鉴相器、环路滤波器和电压控制振荡器 3 个基本部件组成,如图 8-3-1 所示。

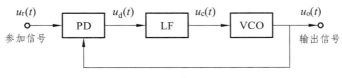

图 8-3-1 锁相环的基本构成

设参考信号为

$$u_r(t) = U_r \sin[\omega_r t + \theta_r(t)] \tag{8-3-1}$$

式中，U_r 为参考信号的振幅，ω_r 为参考信号的载波角频率，$\theta_r(t)$ 为其载波相位 $\omega_r t$ 为参考时的瞬时相位。若参考信号是未调载波时，则 $\theta_r(t)$ 等于常数。

$$u_0(t) = U_0 \sin[\omega_0 t + \theta_0(t)] \tag{8-3-2}$$

式中，U_0 为输出信号振幅，ω_0 为压控振荡器的自由振荡角频率，$\theta_0(t)$ 为信号以其载波相位 $\omega_0 t$ 为参考的瞬时相位，在 VCO（压控振荡器）未受控之前它是常数，受控后它是时间的函数。则两信号之间的瞬时相差为

$$\theta_e(t) = (\omega_r t + \theta_r) - [\omega_0 t + \theta_0(t)] = (\omega_r - \omega_0)t + \theta_r - \theta_0(t) \tag{8-3-3}$$

由频率和相位之间的关系可得两信号之间的瞬时频差为

$$\frac{d\theta_e(t)}{dt} = (\omega_r - \omega_0) - \frac{d\theta_0(t)}{dt} \tag{8-3-4}$$

鉴相器是相位比较器，它把输出信号 $u_0(t)$ 和参考信号 $u_r(t)$ 的相位进行比较，产生对应于两信号相位差 $\theta_e(t)$ 的误差电压 u_d。环路滤波器的作用是滤除误差电压 $u_d(t)$ 中的高频成分，提高系统的稳定性。压控振荡器受控制电压 $u_c(t)$ 的控制。$u_c(t)$ 使压控振荡器的频率向参考信号的频率靠近，于是两者频率之差越来越小，直至频差消除而被锁定，这个过程称为捕获或捕捉。当环路锁定后，式（8-3-3）最终为一固定的稳态值，故

$$\lim_{t \to \infty} \frac{d\theta_e(t)}{dt} = 0 \tag{8-3-5}$$

此时，输出信号的频率已经偏离了原来的自由振荡频率 ω_0，其偏移量为

$$\frac{d\theta_0(t)}{dt} = \omega_r - \omega_0 \tag{8-3-6}$$

这时输出信号的工作频率已经变为

$$\frac{d}{dt}[\omega_0 t + \theta_0(t)] = \omega_0 + \frac{d\theta_0(t)}{dt} = \omega_r \tag{8-3-7}$$

由此可见，通过锁相环的相位跟踪作用，最终可以实现输出信号与参考信号同步，两者之间不存在频差而只存在很小的稳态相差。

锁相环路应用极其广泛，下面介绍 3 种应用电路。

8.3.1 锁相倍频电路

锁相倍频电路如图 8-3-2 所示，它是在锁相环路的反馈通路中插入一个 n 分频器所组成。锁相环路输出信号频率 ω_0 经过分频器后，变成 $\omega_0' = \omega_0/n$，式中，n 为分频器的分频次数。当锁相环路处于锁定状态时，加到鉴相器中的参考信号频率 ω_i 和分频器输出信号频率

ω_0' 相等，即 $\omega_1' = \omega_0' = \omega_0/n$。因此，$\omega_0 = n\omega_1' = n\omega_0'$，也就是说锁相环路输出信号频率等于输入参考信号频率的 n 倍，从而实现了 n 倍频输出，其中倍频次数与锁相环路中分频器的分频次数相同。

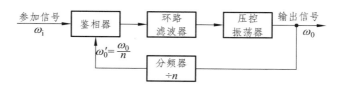

图 8-3-2　锁相倍频电路框图

8.3.2　锁相分频电路

锁相分频电路如图 8-3-3 所示，它是在锁相环路的反馈通路中插入一个 n 倍频器所组成。锁相环路输出信号频率 ω_0 经过倍频器后，变成 $\omega_0' = n\omega_0$，式中，n 为倍频器的倍频次数。当锁相环路处于锁定状态时，加到鉴相器中的参考信号频率 ω_1 和分频器输出信号频率 ω_0' 相等，即 $\omega_1 = \omega_0' = n\omega_0$。因此，$\omega_0 = \omega_1/n$，也就是说锁相环路输出信号频率等于输入参考信号频率的 $1/n$ 倍，从而实现了 n 分频输出，其中分频次数与锁相环路中倍频器的倍频次数相同。

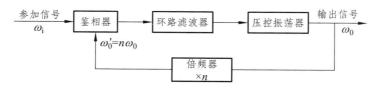

图 8-3-3　锁相分频电路框图

8.3.3　锁相混频电路

若有两个输入信号，其频率分别为 ω_1 和 ω_2，当 $\omega_2 \gg \omega_1$ 时，由于 $\omega_2 \pm \omega_1$ 十分靠近 ω_2，因此采用普通混频器进行混频时，要想取出差频 $\omega_2 - \omega_1$，必须对中频滤波器要求十分严格。而采用锁相混频电路，就可以很好地解决这一问题。

在锁相环路的反馈通路中插入混频器和中频滤波器，便可构成锁相混频电路，如图 8-3-4 所示。由图中不难看出，当锁相环路输出信号（频率 ω_0）和外加输入信号（2）（频率 ω_2）同时作用到混频器时，在混频器输出端产生许多组合频率分量，其中也包含有用的中频分量 $\omega_2 - \omega_1$，经过中频滤波器滤掉其他频率成分，取出差频 $\omega_2 - \omega_1$。当锁相环路处于锁定状态时，加到鉴相器中的输入信号（1）频率（ω_1）和中频滤波器输出中频信号频率（$\omega_2 - \omega_0$）相等，即 $\omega_1 = \omega_2 - \omega_0$。因此，锁相环路输出信号频率 $\omega_0 = \omega_2 - \omega_1$，达到了混频的目的。

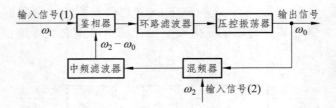

图 8-3-4　锁相混频电路框图

思考题与习题

（1）一种利用自动增益控制电路提高功率放大器线性的电路如图 8-4-1 所示，试分析电路原理。其中滤波网络是否可以放在包络检波器与比较器之间？为什么？

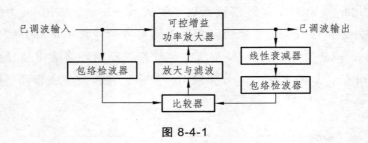

图 8-4-1

（2）图 8-4-2 所示为用来稳定调频振荡器载波频率的自动频率控制电路结构框图。已知载频振荡器的载频为 60 MHz，因频率不稳定引起的最大频飘为 200 kHz，晶体振荡器的振荡频率为 5.9 MHz，因频率不稳定引起的最大频飘为 90 Hz，鉴频器的中心频率为 1 MHz，低通滤波器的增益为 1，带宽小于调制信号的最低频率，$K_d K_a K = 100$。试求调频已调信号的载频可能偏离 60 MHz 的最大值。

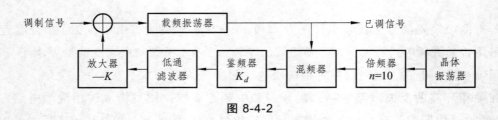

图 8-4-2

（3）锁相环稳频和 AFC 稳频在工作原理和实际效果方面有何异同？

（4）锁相环的捕捉带、快捕带和同步带分别表示什么意义？在二阶环中它们的大小如何排序？

（5）若在锁相环反馈之路中加入 N 分频器（如同频率合成器那样），则其稳态相位误差的表达式应该作何种修改？

（6）图 8-4-3 所示为用锁相环构成的频率合成电路，若要求输出信号的频率范围为 10～160 MHz，最小频率步进单位为 0.1 MHz，试求其中各分频器的分频系数 M、N，以及可变分频器的分频系数范围。

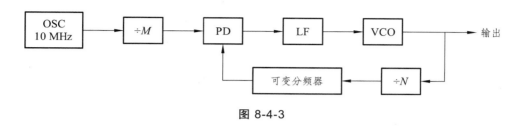

图 8-4-3

（7）频率合成器框图如图 8-4-4 所示，$N = 200 \sim 300$，试求输出频率范围和频率间隔。

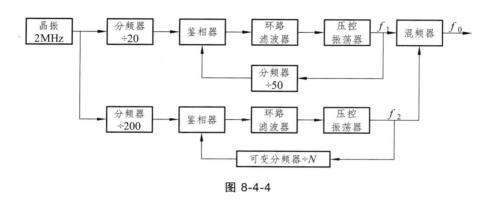

图 8-4-4

133

参考文献

[1] 曾兴雯，刘乃安，陈健，付卫红. 高频电子线路[M]. 3 版. 北京：高等教育出版社，2016.

[2] 陈光梦. 高频电路基础[M]. 3 版. 上海：复旦大学出版社，2016.

[3] 王树本，蒋忠莲，卢冠华. 高频电子线路原理[M]. 3 版. 大连：大连理工大学出版社，2004.

[4] 张肃文. 高频电子线路[M]. 5 版. 北京：高等教育出版社，2009.

[5] 高吉祥. 高频电子线路[M]. 4 版. 北京：电子工业出版社，2016.

[6] 严国萍，龙占超. 通信电子线路[M]. 2 版. 北京：科学出版社，2015.

[7] 陈邦媛. 射频通信电路[M]. 2 版. 北京：科学出版社，2018.

[8] 冯军，谢嘉奎. 电子线路——非线性部分[M]. 5 版. 北京：高等教育出版社，2010.